U0052378

La Tour
Eiffel
1889
RF
TIMBRE

La Tour
Eiffel
1889
Souvenir de
RF
TIMBRE

獻給
娃媽們

享受換裝、造型、扮演故事的手作遊戲

NINA娃娃の服裝設計80+

HOBBYRA HOBBYRE × My Doll Friend

HOBBYRA HOBBYRE◎著

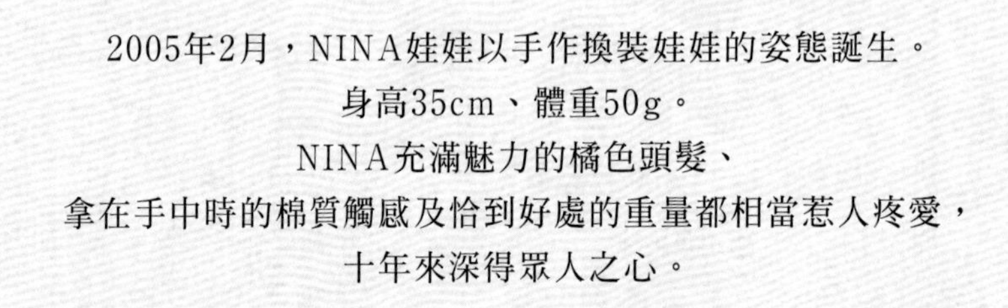

2005年2月，NINA娃娃以手作換裝娃娃的姿態誕生。
身高35cm、體重50g。
NINA充滿魅力的橘色頭髮、
拿在手中時的棉質觸感及恰到好處的重量都相當惹人疼愛，
十年來深得眾人之心。

擁有修長的手腳＆纖細的身體，能夠襯托任何服飾的好身材；
NINA最開心的莫過於藉由變換各種服飾，
時而化身為喜愛時尚的女孩，時而變身成故事中的女主角，
也很喜歡跟好友ANNA打扮得漂漂亮亮一同出門哩！

本書除了收錄NINA娃娃本體玩偶，
還有日常休閒服飾、稍微成熟的華麗禮服，
甚至連鞋子和包包等小物都有，全部共收錄了約80個品項。
除了附有含縫份紙型，
為了讓所有單品容易製作更特別下了一番心思喔！
即便使用相同紙型，只要改變布料的圖案和材質，
或以添加緞帶及蕾絲的方式改造成細肩帶洋裝、禮服，
就能夠享受各種變化樂趣。

由於NINA的衣服只需要一塊小小的布料即可製作，
因此很適合利用零碼布或舊衣物進行改造。
將喜愛的洋裝或充滿回憶的衣服製作成NINA的衣服，
就能在身邊多保留好久好久呢！
請一邊享受時裝打扮的樂趣，一邊作出全世界專屬於你的NINA！

2015年8月
HOBBYRA HOBBYRE

contents

NINAの衣櫃大公開！

本書共收錄約80件的NINA洋裝、小物配件。
請從喜愛的單品開始製作，一點一點地豐富NINA的衣櫃。
作品編號的首字母相同，代表是以相同的紙型變化製作。
同樣的一張紙型就可以變化出各種款式唷！

洋裝

A01
p.12
p.35

A02
p.20
p.28

B03
p.18

B04
p.19
p.22

B05
p.24
p.35

B06
p.28
p.32

B07
p.33

C08
p.13

D09
p.30

上衣
E10
p.15
p.22
E11
p.22
RF
TIMBRE
F12
p.27
p.28
F13
p.22
p.25
p.35
F14
p.14
p.16
p.35
F15
p.24
p.28
F16
p.18
p.22
F17
p.15
p.16
F18
p.22
p.35
G19
p.21
G20
p.16
H21
p.14
p.16
H22
p.26
p.28
H23
p.34
p.35

下身
I24
p.14
p.16
J25
p.21
p.35
K26
p.22
p.25
p.28
L27
p.27
p.35
M28
p.14
p.16
M29
p.16
p.26
N30
p.16
p.34
N31
p.20
p.28
p.35
O32
p.15
p.22
外套
P33
p.28
p.32
P34
p.28
p.33
Q35
p.16
p.27
Q36
p.26
p.35
Q37
p.22
p.25
p.35

小物配件
R38
p.15
p.18
p.22
R39
p.20
R40
p.12
p.13
R41
p.16
p.27
p.35
R42
p.26
R43
p.34
R44
p.14
R45
p.14
p.16
R47
p.25
p.35
S48
p.28
p.32
S49
p.16
p.24
p.28
T50
p.28
T51
p.12
p.14
p.21
U52
p.24
V53
p.15
p.18
V54
p.13
p.33
V55
p.20
Z60
p.22
p.35
W56
p.19
X57
p.32
Y58
p.14
p.25
p.26
Y59
p.16
p.27
p.34
61
p.27
p.34
63
p.28
p.32
65
p.16
p.20
66
p.19
p.22
愛麗絲
配件套裝
p.30-31
78
R46
62
p.20
p.28
64
p.13
p.33
67
p.16
p.18
68
p.21
p.25
69
p.14
p.24
70
p.34
79
80
71
p.14
p.16
72
p.32
73
p.26
74
p.19
75
p.28
p.33
76
p.19
p.28
77
p.33
81
p.15

自我介紹

Nina

我是NINA。 身體的作法参見P.36。

天性樂觀、悠哉且我行我素的9歲小朋友。最愛打扮了！
特別擅長造型搭配。

血型 O型

家人 爸爸&媽媽、妹妹&愛犬COCO
平時都由我負責帶COCO散步。
也因此自從COCO成為家族成員後就不再睡過頭了。

居住地 巴黎

才藝 芭蕾舞
從3歲開始學習。雖然練習十分辛苦，
但在發表會上跳舞時非常開心。

最近熱中的事
和ANNA開始玩起女子樂團。
我負責當主唱。非常快樂，只要開始練習，
時間一眨眼就過去了！

我是ANNA。 身體作法同NINA。頭髮作法参見P.79。

個性謹慎。可靠姊姊型的9歲小朋友。
目前受到NINA的影響而對打扮很有興趣。
擅長色彩搭配。

血型 A型

家人 雙親

居住地 巴黎

才藝 繪畫
休假時常會去美術館。
由於在巴黎有很多選擇，
因此會依當日心情決定想去的美術館。

最近熱中的事
彈吉他。雖然有時手指沒辦法按到和弦，
但彈得順利時會非常開心！

Anna

春天のNINA

Printemps

Bonjour！我是NINA。

先來介紹一下我眾多的衣服＆飾品小物，
都是既漂亮，作起來也很簡單的品項喔！
作出許多配件之後，搭配的變化性也會增加，
就能充分享受配合季節或場合換裝的樂趣♪

以胸前印花布為重點的不織布洋裝。
無需處理布邊的不織布
是初學者也很容易上手的材質，
作為第一號作品最合適了！

洋裝 A01 + 襪子 R40 + 鞋子 T51

作法 p.40　p.67　p.68

今天要出門

花朵印花的洋裝上到處都是NINA臉蛋的印花，你看到了嗎？
今天要穿著這件心愛的衣服去觀賞芭蕾表演喔！
雖然輕柔又蓬鬆，但是也很休閒，對吧？

在袖山處加入褶襉，
增添蓬鬆感。
裙子也設計成雙層式，
作出加入了許多女孩兒元素的洋裝。

	洋裝		襪子		鞋子		包包
	C08	+	R40	+	V54	+	64
作法	p.47		p.67		p.68		p.71

和ANNA碰面

這是我的好朋友ANNA。
上學時在一起，連放學後也都在一起。
今天兩個人都是休閒上衣＆牛仔裙的穿搭，
雖然是要好的朋友，但在裝扮上卻是競爭對手呢！

吊帶裙搭配上橫條紋T-shirt
是NINA的招牌穿搭。
由於無需煩惱搭配，
只要備齊單品就很方便。
ANNA的裙子是吊帶設計，
所以也能嘗試將上衣紮入裙子裡的
裝扮（參見P.16）。

Anna

	T-shirt		裙子		襪子		鞋子		髮飾
	H21	+	M28	+	R45	+	T51	+	71
作法	p.55		p.61		p.67		p.68		p.74

Nina

	T-shirt		裙子		襪子		鞋子		托特包
	F14	+	I24	+	R44	+	Y58	+	69
作法	p.52		p.57		p.67		p.70		p.73

帶COCO去散步

我的愛犬COCO是個早熟的小女生。我和COCO散步時也會穿上很淑女的洋裝。
今天是花襯衫＆裙子，再搭配上同色系的開襟針織衫。

襯衫＆裙子搭配著穿起來
就像洋裝一樣，
但也是可以自由搭配變化，
令人開心的單品。
開襟針織衫若縫上暗釦，
前後反穿就變成T-shirt囉！（參見P.16）

	襯衫		開襟針織衫		裙子		襪子		鞋子		愛犬COCO
	E10	+	F17	+	O32	+	R38	+	V53	+	81
作法	p.51		p.53		p.64		p.67		p.68		p.79

街頭風

只要改變本書中NINA衣物的組合，
就能夠享受各種穿搭樂趣。
各章節最後會以風格作分類來介紹穿搭範例。
首先，就從街頭風穿搭開始吧！

T-shirt H21 + 褲子 N30 + 包包 67

作法 p.55 p.63 p.72

開襟針織衫 F17 + 裙子 I24 + 襪子 R45

作法 p.53 p.57 p.67

T-shirt G20 + 裙子 M29 + 夾克 Q35 +

作法 p.54 p.62 p.65

褲襪 S49 + 鞋子 Y59 + 髮飾 71

p.67 p.70 p.74

T-shirt F14 + 裙子 M28 + 襪子 R41 + 包包 65

作法 p.52 p.61 p.67 p.72

夏天の NINA

Été

假期 I

和爸爸媽媽一起去普羅旺斯，是我非常期待的每年例行活動。
洋裝是吻合普羅旺斯印象的無袖洋裝。
配件也不能馬虎，包包選擇了喜歡的愛心形斜肩包。

在簡單的無袖洋裝上
以同色系緞帶點綴重點裝飾，
再搭配上同色系的鞋子，
以橘色收斂整體視覺。

洋裝	短外套	襪子	鞋子	包包
B03	+ F16	+ R38	+ V53	+ 67
作法 p.42	p.53	p.67	p.68	p.72

假期 Ⅱ

這次要去從巴黎就能立即抵達的
海邊度假勝地——多維拉。
除了以黃色來襯托淡綠色洋裝，
黃色也能與多維拉的海水顏色相互輝映。

	洋裝		鞋子		包包		髮飾		項鍊
	B04	+	W56	+	66	+	74	+	76
作法	p.42		p.69		p.72		p.75		p.74

將高腰剪裁的無袖洋裝
作成長版樣式也很迷人。
如在海邊度假般，
把頭髮梳成丸子狀綁在較高的位置吧！

今天想喝奶油蘇打汽水

這件水手領長上衣是NINA最愛的一件衣服！
下半身則配合長上衣的色調搭配了深藍色。
今天好熱，真想去咖啡館喝一杯奶油蘇打汽水啊♪

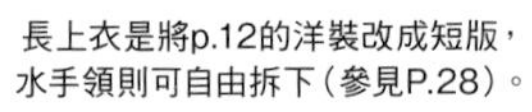

長上衣是將p.12的洋裝改成短版，
水手領則可自由拆下（參見P.28）。

	長上衣		褲子		襪子		鞋子		帽子		包包
	A02	+	N31	+	R39	+	V55	+	62	+	65
作法	p.40		p.63		p.67		p.68		p.71		p.72

和ANNA在一起

我要和ANNA去公園玩耍。
決定以吊帶褲穿搭出充滿活力
且方便行動的裝扮。
為了可以盡情玩耍，
把頭髮梳成了雙馬尾的變化造型。

以灰色調統一服裝，
配件則挑選深粉紅增加亮點。

T-shirt		褲子		鞋子		側背包
G19	+	J25	+	T51	+	68
作法 p.54		p.58		p.68		p.72

淑女風

在本單元中集結了使用花朵印花，
充滿女孩氛圍的浪漫風格穿搭。
NINA也非常喜愛的LIBERTY印花布
在此一一登場！
織紋細緻的印花棉布由於不易脫線，
非常適合製作小尺寸洋裝。

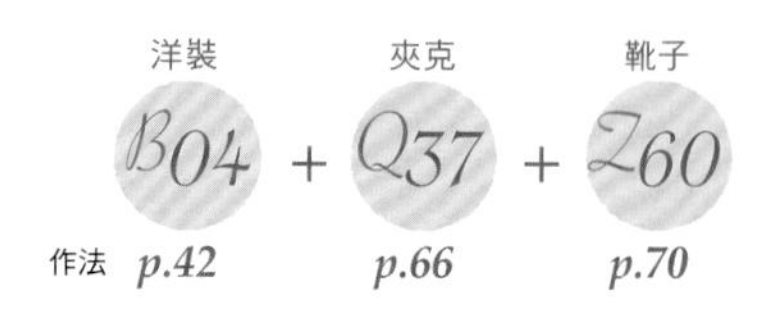
洋裝 夾克 靴子
B04 + Q37 + Z60
作法 p.42 p.66 p.70

洋裝 開襟針織衫 靴子
E11 + F18 + Z60
作法 p.51 p.53 p.70
襯衫 裙子 襪子 包包
E10 + K26 + R38 + 66
作法 p.51 p.59 p.67 p.72
T-shirt 短外套 裙子
F13 + F16 + O32
作法 p.52 p.53 p.64

秋天の NINA

Automne

JUNK & GREEN
old No.05
SUCCULENT FARM

格子&條紋若有共通的顏色
就會變得很好搭配。
這次以黑色為共通色。
搭配上流蘇鞋正合適!

圖書館好像迷宮

今天來到圖書館。
走在滿是書本的書架間,就好像進入迷宮一樣,
但找尋目標書籍的時光相當歡樂。
這件格子背心裙是媽媽最喜歡的。
今天的打扮比平常看起來更加乖巧唷!

	背心裙		T-shirt		褲襪		鞋子		托特包
	B05	+	F15	+	S49	+	U52	+	69
作法	p.43		p.53		p.67		p.68		p.73

秋季の休閒風格

等會兒要和ANNA一起在巴黎街道購物，
這件紗裙可是休閒穿搭的重點喔！
不知道ANNA會作什麼樣子的打扮呢？

布勞森外套下是基本款的橫條紋T-shirt。
淡灰色橫條紋是百搭的定番單品。

	T-shirt		裙子		夾克		襪子		鞋子		側背包
	F13	+	K26	+	Q37	+	R47	+	Y58	+	68
作法	*p.52*		*p.59*		*p.65*		*p.67*		*p.70*		*p.72*

Nina & Anna

NINA和ANNA的夾克
是相同版型不同布料。
就連運動鞋也是同款式的好麻吉穿搭。
運動鞋以合成皮製作，
手縫即可簡單完成。

女子樂團成立！

校慶時和ANNA組成了臨時樂團
以「帥氣又可愛」為目標，
在造型上也下了一番功夫哩！
迷你裙展現可愛朝氣，
夾克＆運動鞋則表現出帥氣。
啊，當然演奏才是最重要的！
為了這天的到來，兩人持續努力特訓中。

Nina

	T-shirt	裙子	夾克	襪子	鞋子	髮飾
	H22 +	M29 +	Q36 +	R42 +	Y58 +	73
作法	p.56	p.62	p.66	p.67	p.70	p.75

Anna

	T-shirt	裙子	夾克	襪子	鞋子	帽子
	F12 +	L27 +	Q35 +	R41 +	Y59 +	61
作法	p.52	p.60	p.65	p.67	p.70	p.71

黑白色系

本單元將介紹以略顯成熟的黑白色調
統一出高雅氣質的穿搭。
只要將休閒單品統一色系，
就能讓質感更上一層，
搭配出宛如巴黎女孩兒的時尚風格。

洋裝 B06 + 短外套 P34
作法 p.45 p.64

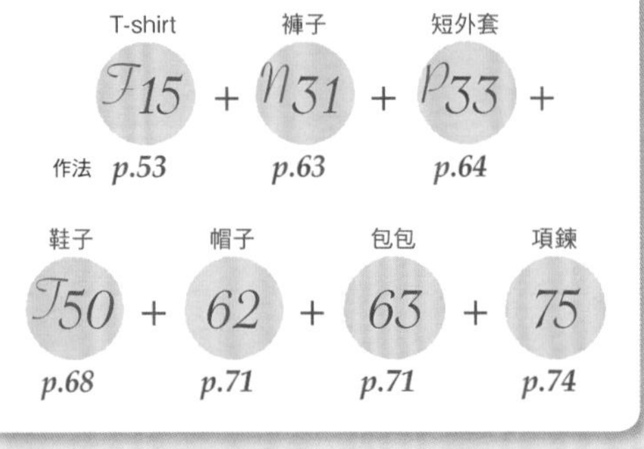
T-shirt 褲子 短外套
T15 + N31 + P33 +
作法 p.53 p.63 p.64
鞋子 帽子 包包 項鍊
J50 + 62 + 63 + 75
p.68 p.71 p.71 p.74

T-shirt H22 + 裙子 K26 +
作法 p.56 p.59
褲襪 S48 + 項鍊 76
p.67 p.74

長上衣 A02 + T-shirt T12 + 褲襪 S49
作法 p.41 p.52 p.67

冬天の NINA

Hiver

滿滿荷葉邊&抽褶的
圍裙洋裝套組。
為了享受完整的樂趣，
也加入兔子吧！

圍裙洋裝	襪子	鞋子	髮飾	兔子
D09 +	R46 +	78 +	79 +	80
作法 洋裝 p.49 圍裙 p.76	p.67	p.76	p.76	p.78

A
A
6
6
K
3
3

愛麗絲夢遊仙境

媽咪幫我作了我的愛書——
《愛麗絲夢遊仙境》裡的洋裝。
今天一整天都要化身為愛麗絲。
不知道能不能到仙境裡
經歷有趣的體驗呢？

兩個人的洋裝以綢緞＆絲絨等
帶有光澤的素材展現出華麗感。
ANNA的短外套雖然是羊毛材質，
但看起來就如皮草一般。
再加上精緻的頭飾，更添時尚感。

Nina

	洋裝		短外套		褲襪		鞋子		包包		髮飾
	B06	+	P33	+	S48	+	X57	+	63	+	72
作法	p.45		p.64		p.67		p.69		p.71		p.74

聖誕派對

今天和ANNA特意盛裝打扮前往派對。
穿上平時不會穿的蕾絲洋裝，
看起來有點像大人，
讓我非常興奮。

Anna

	洋裝		短外套		鞋子		包包		項鍊		髮飾
	B07	+	P34	+	V54	+	64	+	75	+	77
作法	p.46		p.64		p.68		p.71		p.74		p.75

冬日出遊

這身打扮要前往的目的地是──溜冰場！因此方便行動＆保暖是首要考量。
包包也選擇可斜背的樣式，為了溜冰考慮得十分周到吧？
上衣看起來像是層次穿搭，其實是一件式的喔！

除了包包之外，
全部都使用針織材質。
建議以手邊現有的上衣來改造。
不收布邊也沒問題。

	T-shirt		褲子		襪子		鞋子		帽子		斜背包
	H23	+	N30	+	R43	+	Y59	+	61	+	70
作法	p.56		p.63		p.67		p.70		p.71		p.73

休閒風

最後介紹的休閒風格
會令人想要每天為NINA換裝，
一起出門呢！

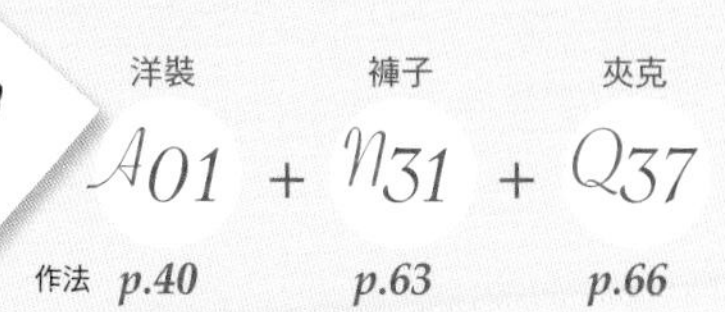
洋裝 褲子 夾克
A01 + N31 + Q37
作法 p.40 p.63 p.66

T-shirt 裙子 襪子
H23 + L27 + R47
作法 p.56 p.60 p.67

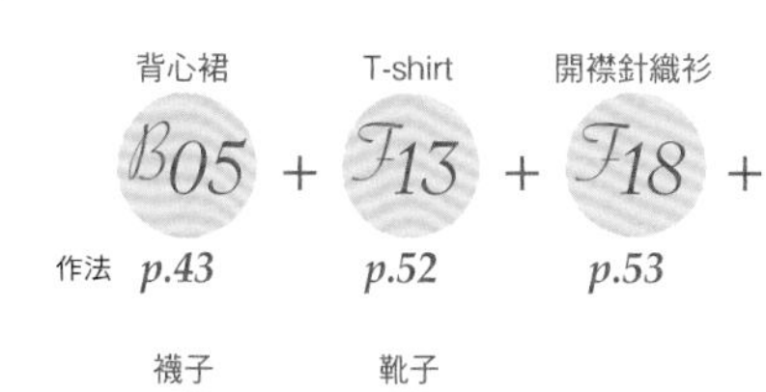
背心裙 T-shirt 開襟針織衫
B05 + F13 + F18 +
作法 p.43 p.52 p.53
襪子 靴子
R47 + Z60
p.67 p.70

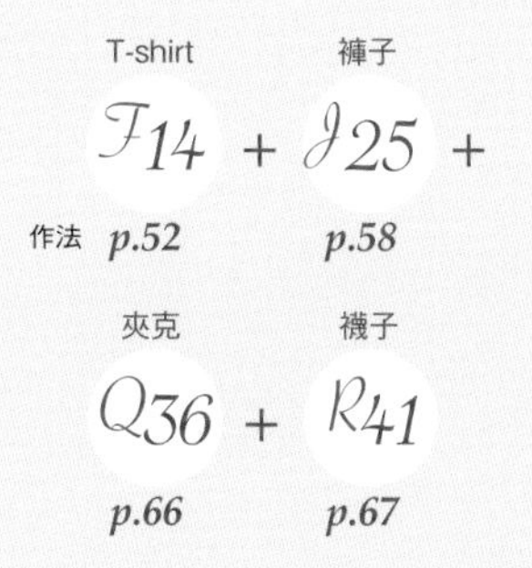
T-shirt 褲子
F14 + J25 +
作法 p.52 p.58
夾克 襪子
Q36 + R41
p.66 p.67

開始動手縫製NINA和ANNA的衣服吧！

本單元將為你解說製作NINA和ANNA服裝的基礎作法。
也刊載許多只有步驟圖才能說明的小訣竅。
請務必在此熟悉技巧，製作出專屬於你的NINA！

必備的工具＆材料

工具

●手縫針●刺繡針●珠針
●毛線縫針●裁縫剪刀●線剪
●尺●捲尺●粉土筆
●縫紉機（手縫也OK）

材料

●手縫線●車縫線●25號繡線●單膠襯等

書中主要使用的布料

棉布

針織布

蕾絲布

NINA的衣服與配件，以普通棉布＆針織布製作時，不更換縫線和針也OK。縫製合成皮時，則需以25號繡線＆手縫線縫製。

合成皮

含縫份紙型的使用方法

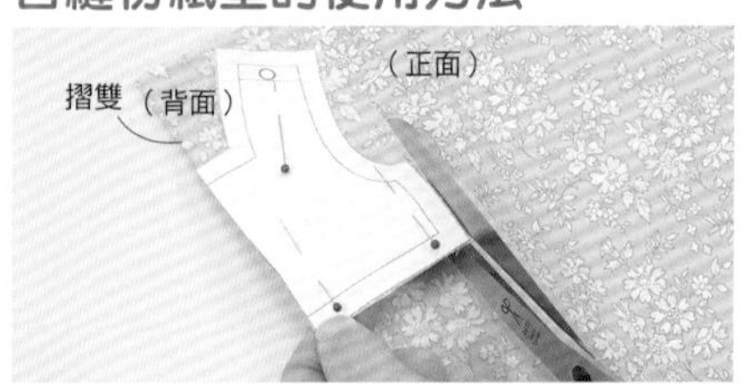

摺雙（背面）
（正面）

1 本書紙型已含縫份，因此沿著紙型輪廓裁剪布料即可。當紙型只有一半時，請將正面相對摺疊的布料摺邊與紙型的「摺雙」邊對齊。

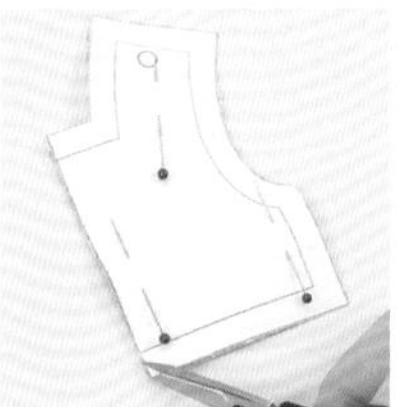

2 標記記號。作為與其他紙型對齊時的標記，本書作法是斜剪0.2cm至0.3cm的牙口。

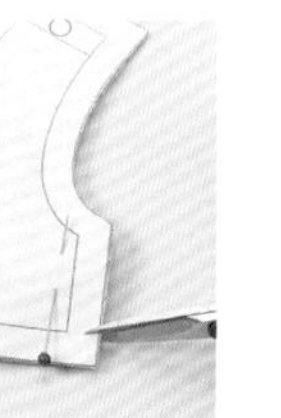

3 移開紙型展開布料，剪牙口的位置會呈現V字形。

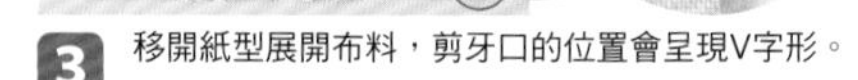

0.7cm

4 繪製實際縫線（完成線）時，建議以剪成縫份寬度，約明信片厚的厚紙卡來輔助繪製。圖示中以剪成0.7cm寬的厚紙卡對齊布料邊緣後畫線，就可以簡單地畫出完成線。

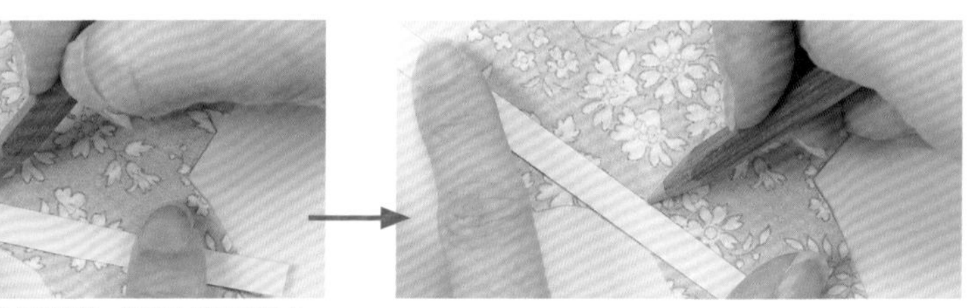

5 曲線的部份也沿著布料邊緣一點點地挪動厚紙卡，即可畫出漂亮的完成線。

NINAの作法（材料＆紙型參見p.81。圖示中為了清楚呈現，因此使用顯眼色彩的縫線＆粉土筆。）

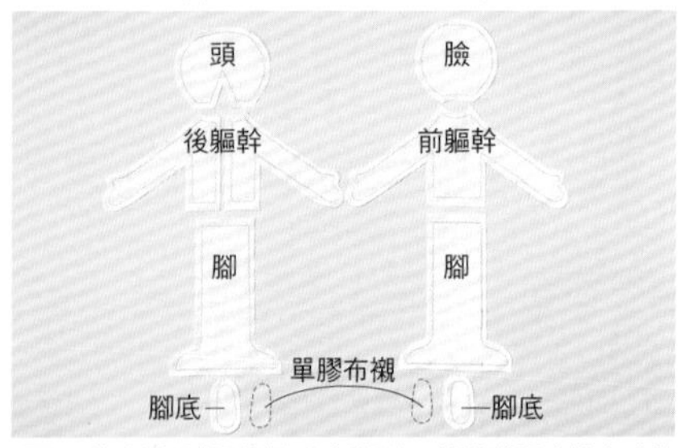

頭
臉
後軀幹
前軀幹
腳
腳
單膠布襯
腳底
腳底

1 依含縫份紙型剪下全部部件，並沿著腳底的完成線裁剪單膠布襯。腳＆腳底各2片、後軀幹則左右對稱各裁剪1片。

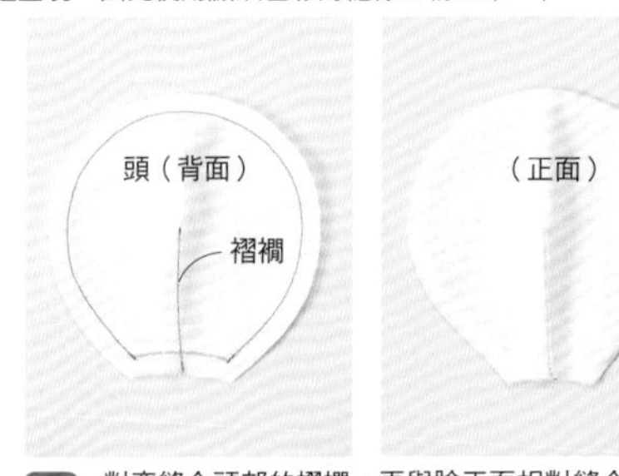

頭（背面）
褶襉
（正面）

2 對齊縫合頭部的褶襉，再與臉正面相對縫合。將縫份裁剪至0.5cm寬，再翻到正面。

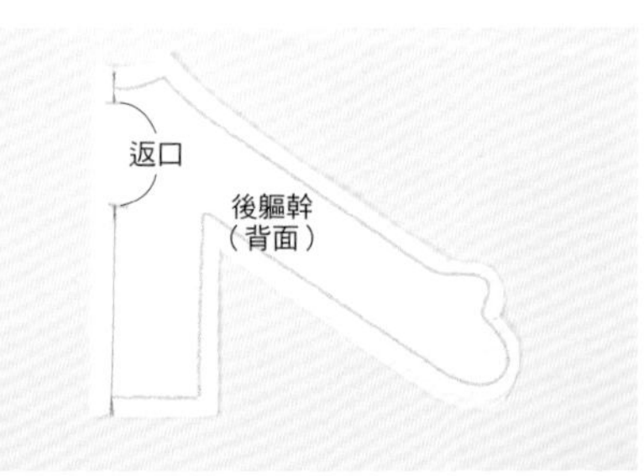

返口
後軀幹
（背面）

3 將2片後軀幹正面相對對齊，在背中心線預留返口後縫合。

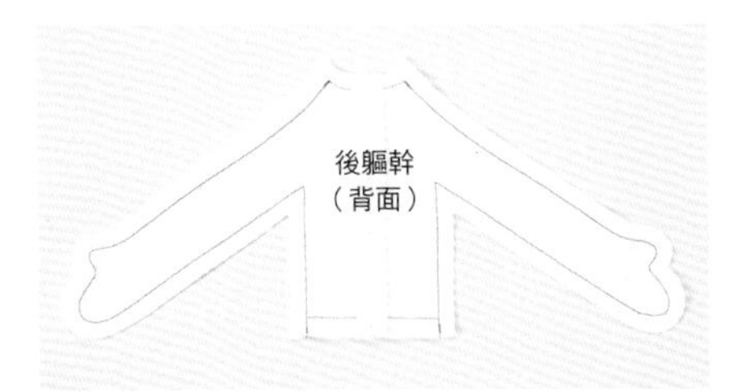
後軀幹
（背面）

4 打開**3**，並燙開縫份。除了頸部＆腰部不縫，與前軀幹正面相對縫合，

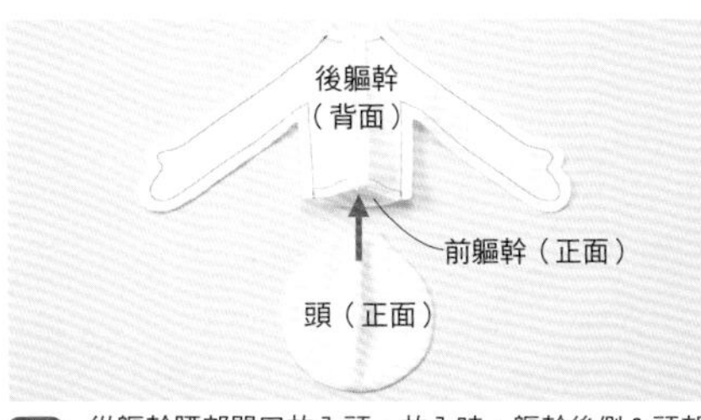
後軀幹
（背面）
前軀幹（正面）
頭（正面）

5 從軀幹腰部開口放入頭。放入時，軀幹後側＆頭部有褶襉那面需為同一方向。

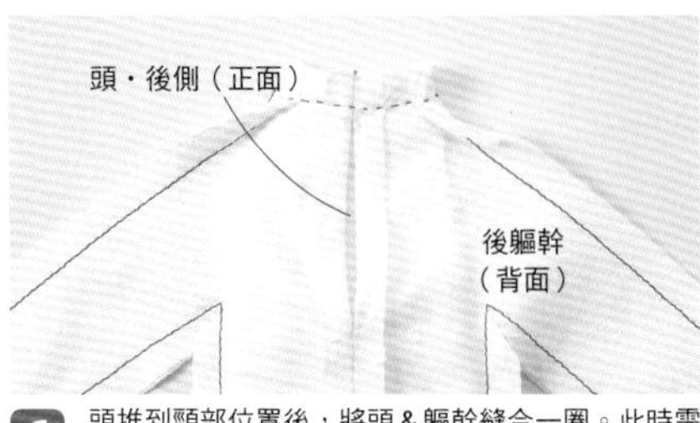
頭・後側（正面）
後軀幹
（背面）

6 頭推到頸部位置後，將頭＆軀幹縫合一圈。此時需注意不要將軀幹前、後側縫在一起。

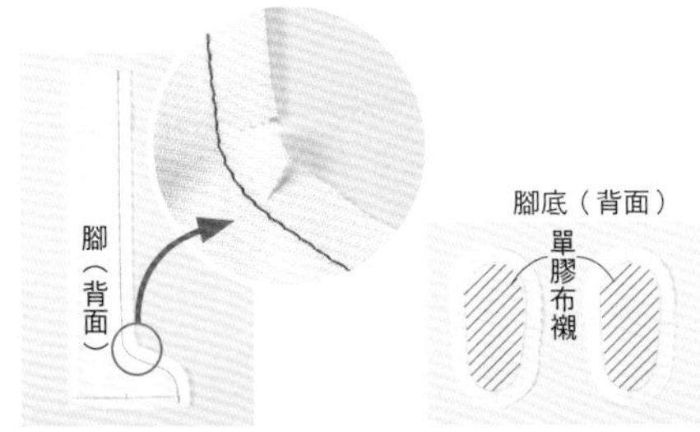
腳（背面）
腳底（背面）
單膠布襯

7 將腳正面相對摺疊並縫合，但連接身體處＆底部不要縫。腳踝的內凹處，為了讓布料不要在翻回正面時連在一起，剪開0.5cm左右的牙口。並在腳底燙貼單膠布襯。

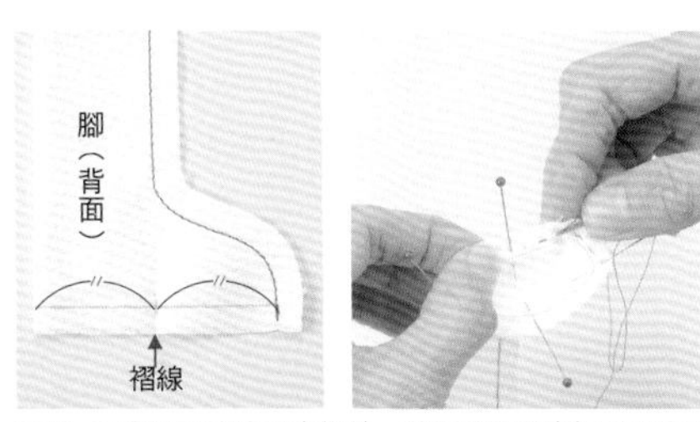
腳（背面）
褶線

8 在**7**的腳中央壓上褶線，將褶線與腳底板的記號對齊＆以珠針固定，在完成線稍微外側處進行疏縫。

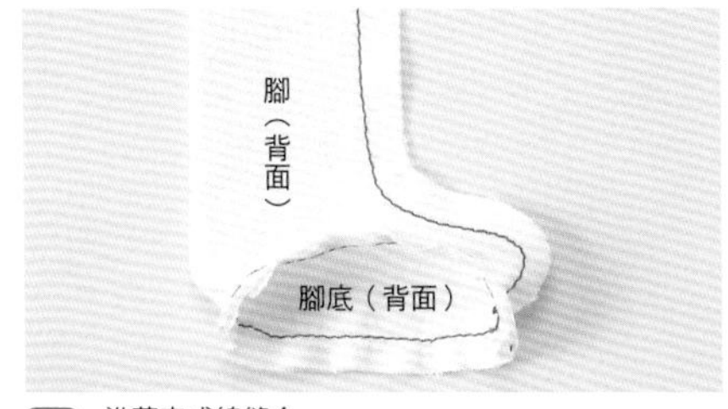
腳（背面）
腳底（背面）

9 沿著完成線縫合。

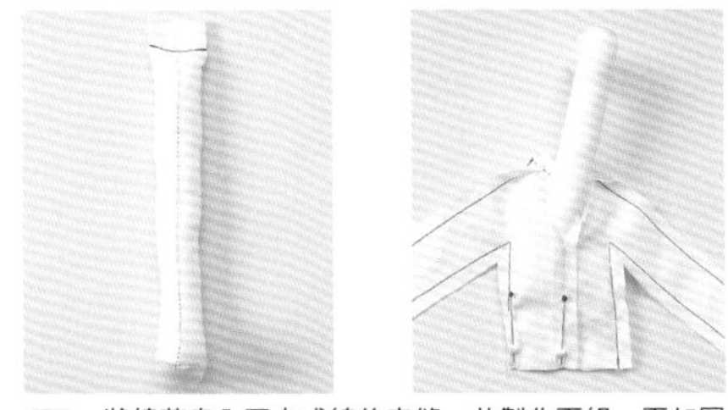

10 將棉花塞入至完成線後車縫，共製作兩組。再如圖所示從後軀幹的開口塞入一隻腳，以珠針固定＆使腳尖朝向外側。

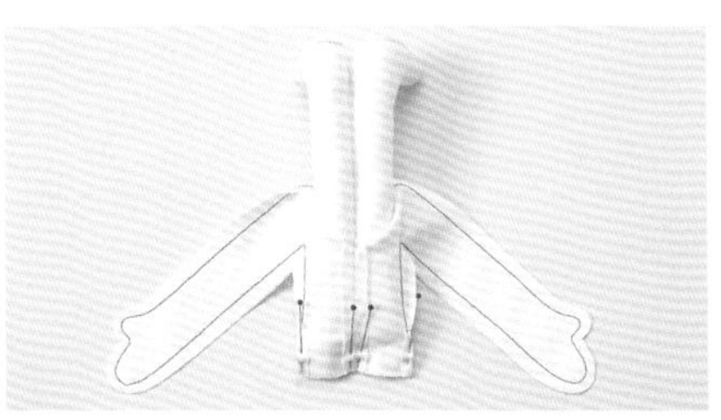

11 另一隻腳也以相同方式從返口塞入身體之中，並以珠針固定。

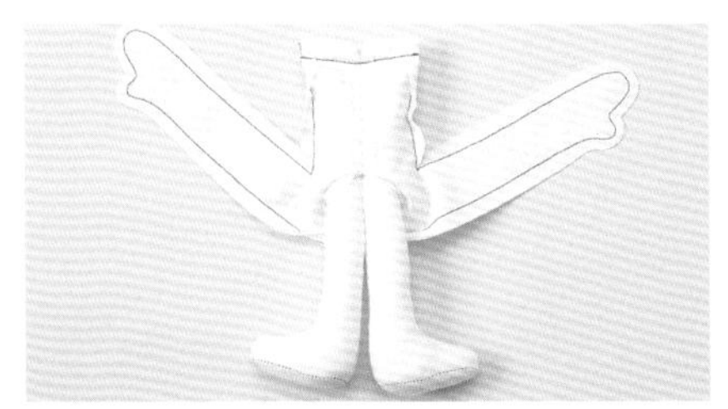

12 縫合完成線＆從返口翻至正面。再將頭從頸部拉出。

棉花

13 從返口翻至正面，並塞入棉花。首先將少量棉花塞至手指尖。

14 以免洗筷將棉花確實地塞入指尖。

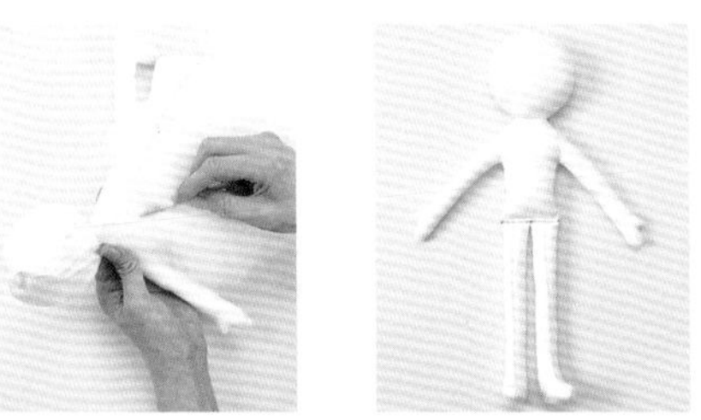

15 塞滿指尖後，無需分成小分量，將棉花整塊塞入軀幹＆頭，直到身體呈現飽滿狀。塞完棉花後再縫合返口。

NINA頭髮の作法（ANNA頭髮の作法參見p.79）

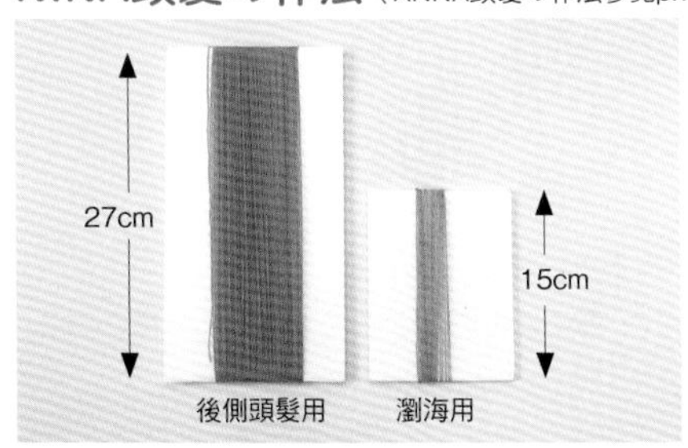
27cm
15cm
後側頭髮用
瀏海用

1 準備瀏海用＆後側頭髮用的厚紙卡（比明信片稍厚較佳）2張，瀏海用的毛線纏繞紙卡20圈，後側頭髮用的毛線則纏繞120圈。

2 首先製作瀏海。從厚紙卡上輕輕取下毛線，如圖所示平整地攤開。

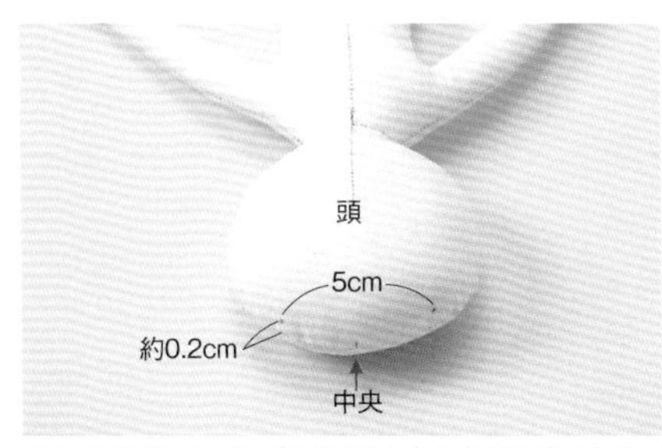
頭
5cm
約0.2cm
中央

3 如圖所示，在頭部瀏海縫合處的參考點位置上作記號。

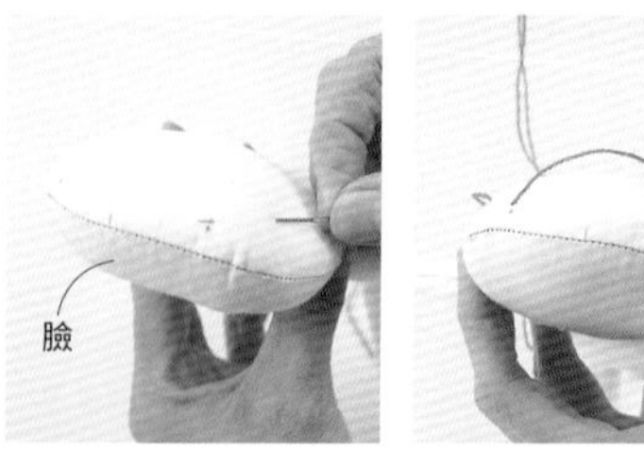
臉
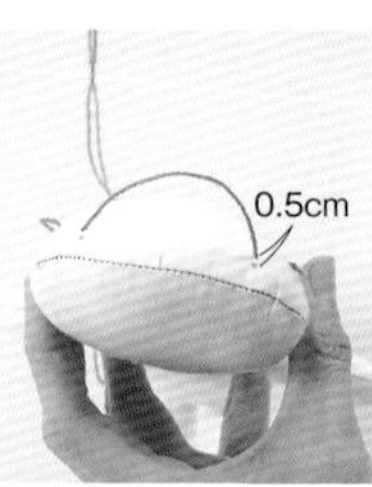
0.5cm

4 取另一條30cm長的線穿過毛線縫針，從任意位置入針，並從**3**的記號後方0.5cm處出針。以相同方式在對稱位置入針、出針，以拉出的毛線（如右圖所示）以基準，將瀏海穿入至一半的長度。

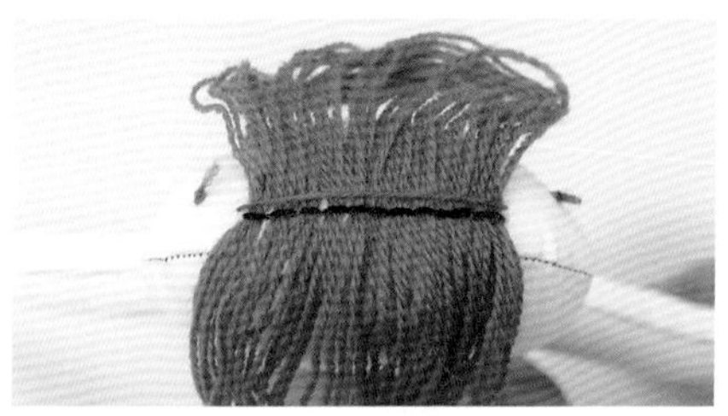

5 沿著**4**所拉出的毛線進行回針縫。步驟圖解中為了容易辨識所以使用黑線縫製，實際製作時請使用與頭髮相同顏色的線縫製。縫好後拔除**4**所拉出的毛線。

臉

6 將後側的瀏海從**5**的縫線翻往臉側，並在**3**所作記號的連接線上進行回針縫。

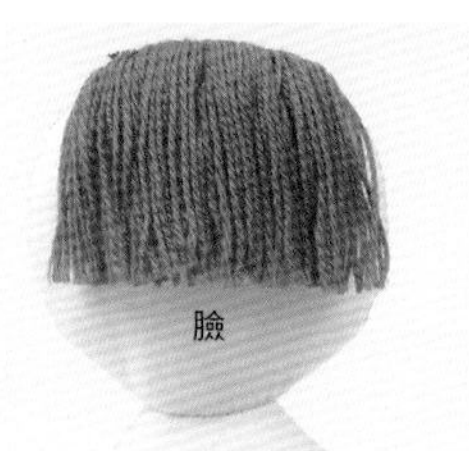
臉

7 剪開毛線下方的「摺雙」處，筆直剪齊。由於之後還會再調整長度，因此先預留比完成後更長一些的長度。

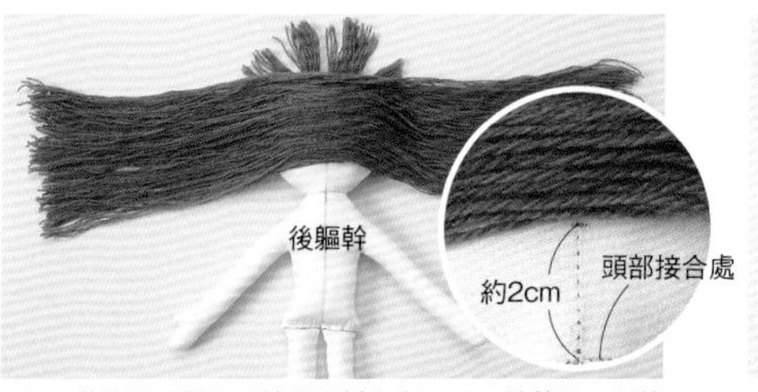
後軀幹
約2cm
頭部接合處

8 將後側頭髮用毛線從厚紙卡上取下，並剪開一側的「摺雙」，讓長髮束平均攤開在後腦杓上。攤開時，後側約在頭部接合處上方2cm的位置（如圓圈圖示），前側則盡量遮住頭部＆臉部間的縫線。

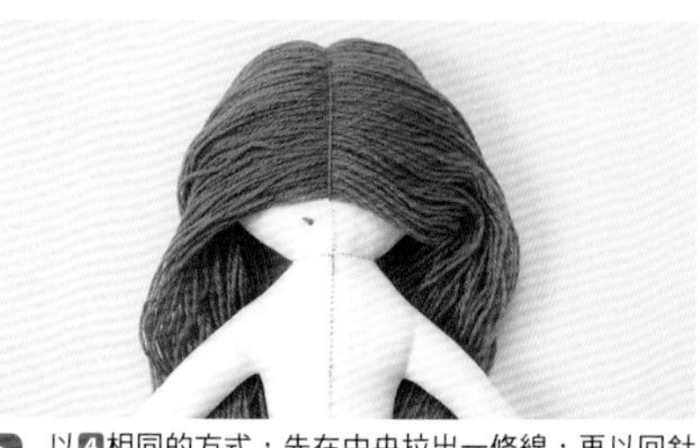

9 以**4**相同的方式，先在中央拉出一條線，再以回針縫的方式縫合固定。最後拔掉拉出的線。

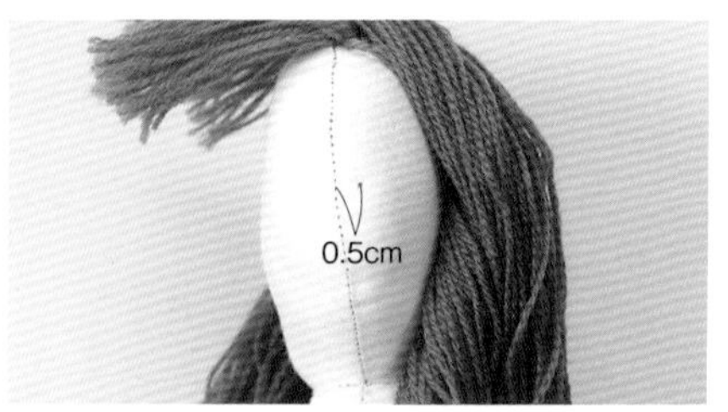
0.5cm

10 將頭髮綁成2束。在臉部最寬處的縫線後側0.5cm作記號。

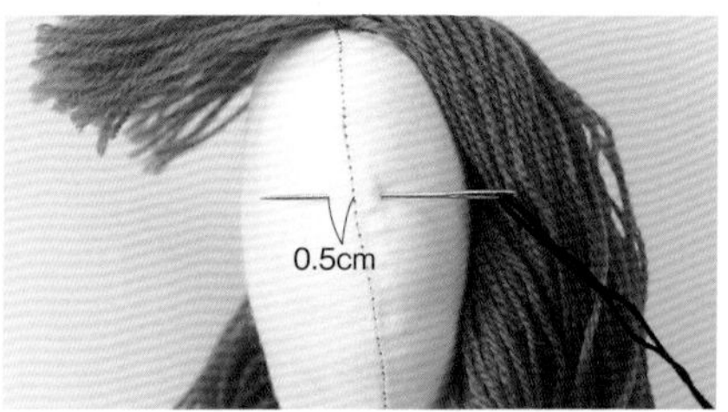
0.5cm

11 將1m長的毛線穿過毛線縫針，從**10**作記號的地方入針，再從距離縫線0.5cm的臉部側穿出。步驟圖解為了清楚表示所以使用黑色的線，實際製作時請使用與頭髮同色的毛線。

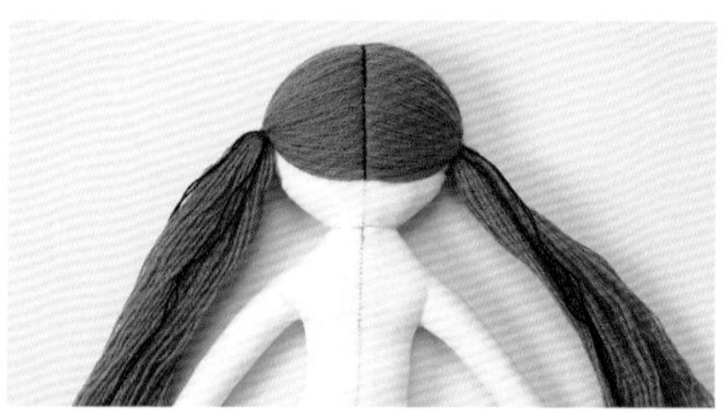

12 以**11**穿過的毛線將頭髮綁成2束。綁起來的線不須剪掉，直接當作頭髮的一部分即可。

NINA的臉部刺繡

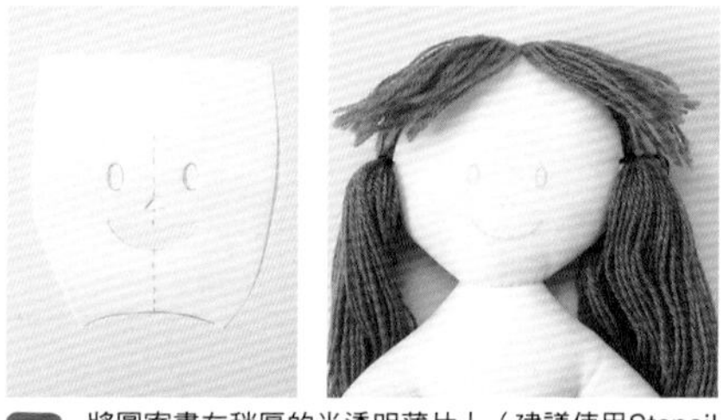

1 將圖案畫在稍厚的半透明薄片上（建議使用Stencil paper），並將眼睛、鼻子、嘴巴的位置分別挖空。再把此薄片放在臉上，以消失筆描繪出臉部的五官。

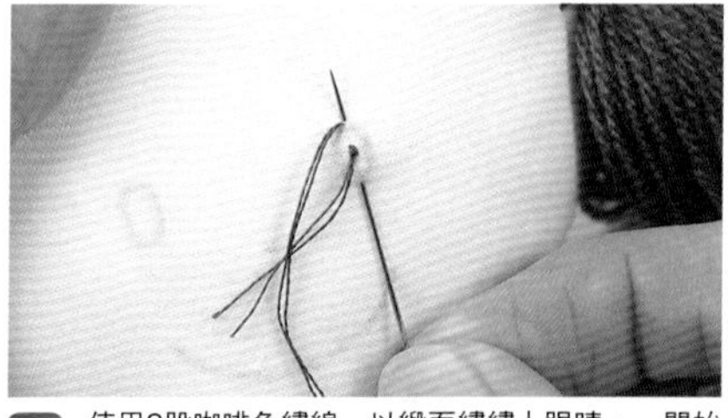

2 使用2股咖啡色繡線，以緞面繡繡上眼睛。一開始不要將繡線打結，在中央進行回針縫，再從中央往右側繡。緞面繡的方式參照p.80。

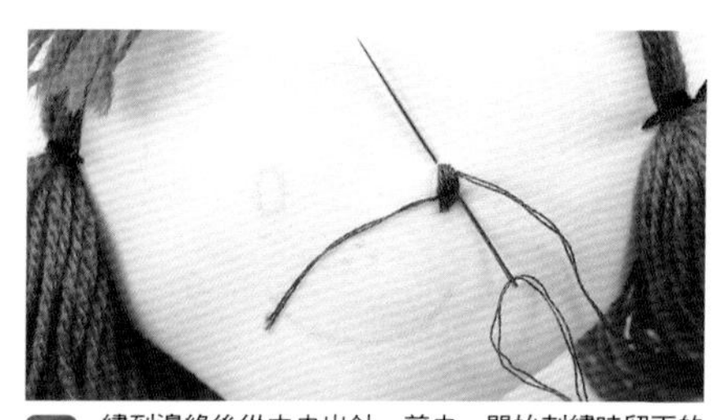

3 繡到邊緣後從中央出針，剪去一開始刺繡時留下的線頭，以緞面繡繡完左半部。另一隻眼睛也以相同方式刺繡。

4 鼻子以咖啡色線進行飛羽繡，嘴巴則以粉紅色線進行回針繡。刺繡方式參照p.80。刺繡完成後，將瀏海剪齊至眼睛上的長度。NINA就完成了！

以不織布製作眼睛很簡單喔！

還不熟練時，想以緞面繡繡出左右兩邊相同大小的眼睛或許有點難度。此時以剪成眼睛大小的不織布貼上也是一種方式。建議以手工藝用黏著劑黏貼。

如何讓頭髮變成捲髮呢？

NINA的捲髮是將三股辮解開後所產生的。將頭髮緊緊編成三股辮，放置一段時間，再噴上熨斗的蒸汽。等乾燥後解開，如圖示中可愛的卷髮就完成了！

Tefal

NINA服裝の作法（P.24背心裙 詳細作法參見P.43）

★縫製身片。

前身片
（背面）

1 將2片前身片正面相對對齊，並沿著袖圍、肩膀和領圍縫合。此時注意不要縫合斜邊。縫合完成後，在領圍的角落、袖圍的曲線處剪牙口，並斜剪下肩膀的兩個邊角。

前身片
（背面）

2 將2片前身片的縫份一起內摺＆以熨斗用力熨壓，再翻至正面。

後身片
前身片
（正面）

3 後身片也以相同方式縫製，並將縫合好的前身片＆後身片對齊。

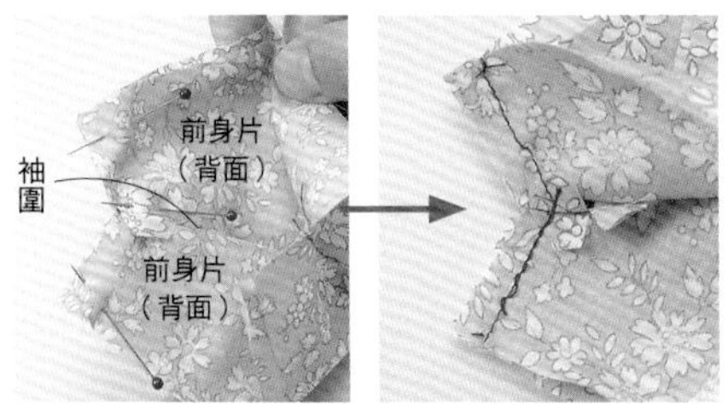

袖圍
前身片
（背面）
前身片
（背面）

4 將前後身片正面相對疊合，向上掀開脇邊。打開袖圍縫份，以珠針固定後縫製。在此只需縫合單側脇邊。

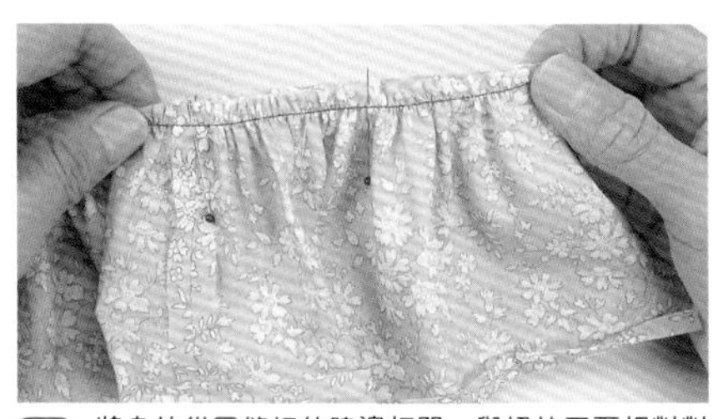

3 將身片從**4**縫好的脇邊打開，與裙片正面相對對齊。配合身片腰圍長度調整皺褶，再以珠針固定。

★將裙片抽出皺褶。

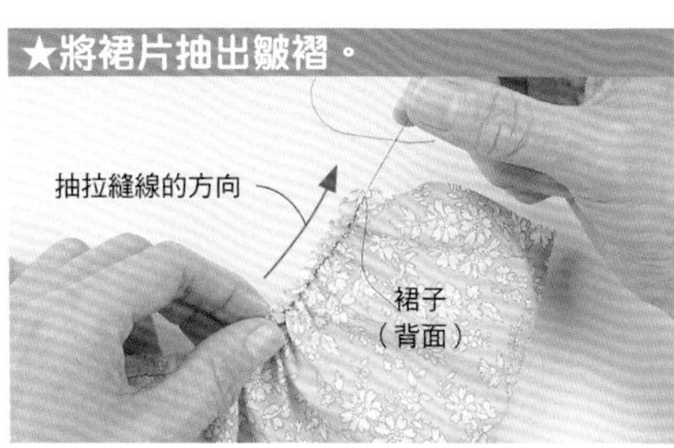

抽拉縫線的方向
裙子
（背面）

1 將兩片裙片正面相對＆縫合一側脇邊，並在比腰部完成線略上處平針縫，縫線兩端無需回針。再從中央往兩脇邊的方向抽拉下線。圖示中為抽拉右半部的模樣。

2 抽拉左側下線，作出左半部的褶子。一邊小心不要拉斷線，一邊慢慢抽拉。

★縫合裙片＆身片。

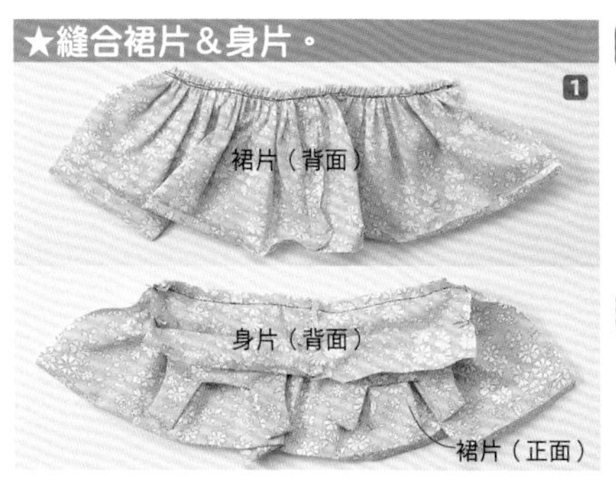

1
裙片（背面）
身片（背面）
裙片（正面）

1 將裙片＆身片正面相對對齊後，從裙片側縫合。此時要小心避開另一側身片（見下圖示）。下圖示是疊上身片的模樣。

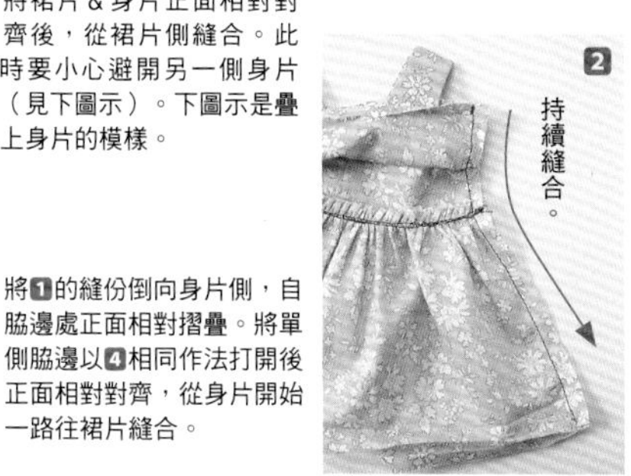

2
持續縫合。

2 將**1**的縫份倒向身片側，自脇邊處正面相對摺疊。將單側脇邊以**4**相同作法打開後正面相對對齊，從身片開始一路往裙片縫合。

★縫上暗釦。

暗釦公釦
母釦
後身片
前身片

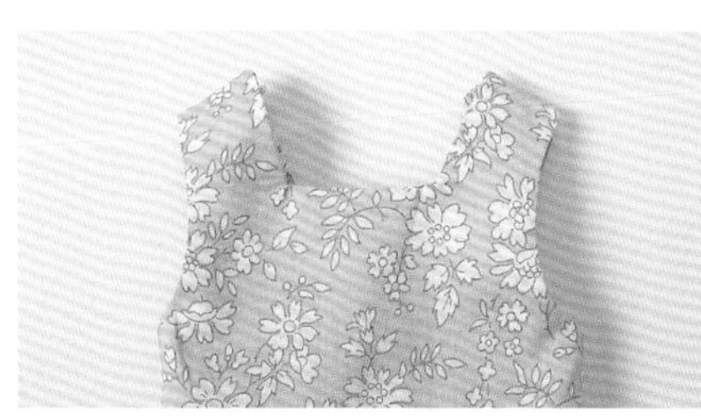

在前身片上縫合母釦，後身片側縫上公釦（P.80）。由於身片有兩層，因此不要讓縫線在外側出針，使表面看不見縫線。

縫製合成皮時

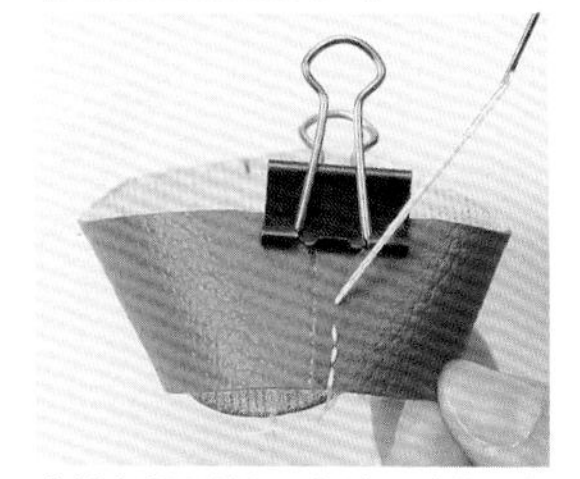

由於會留下針孔，無法以珠針固定，建議使用長尾夾固定較容易縫製。

在紗布上作記號

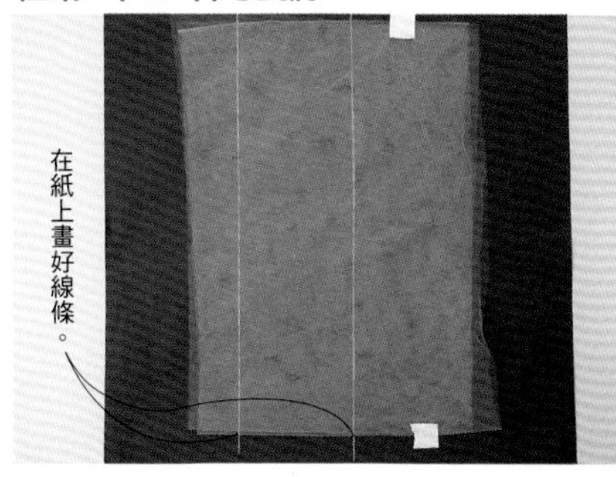

在紙上畫好線條。

由於無法直接在紗布上作記號，因此將紗布鋪在畫有要裁剪長度線條的色紙上，就能夠輕易沿著線條裁剪成需要的尺寸。為了不讓紗布移動，可用紙膠帶稍微固定。
紗布不可使用熨斗熨燙。

A
01,02

洋裝・長上衣

材料

01…米色不織布 35cm×20cm
白色不織布 9cm×9cm
花朵印花布・雙面膠襯 各6cm×7cm
鮭魚粉紅水兵帶 寬0.5cm×20cm
原色蕾絲 寬0.8cm×35cm
珍珠 直徑0.4cm×3個
暗釦 直徑0.5cm×1組

02…深藍色不織布 30cm×20cm
白色不織布 15cm×15cm
紅色細繩 寬0.3cm×40cm
紅色格子緞帶 寬1.5cm×15cm
原色蕾絲 寬0.8cm×30cm
暗釦 直徑0.5cm×2組

01
02

01 洋裝

裁布圖（原寸紙型A面）

米色不織布
後身片
前身片
後身片
0
20
35

白色不織布
領子
9
9

花朵印花布
雙面膠襯
胸前飾布
7
6

※除了特別指定之外，縫份皆為1cm。

1 前後身片正面相對，縫合肩部。

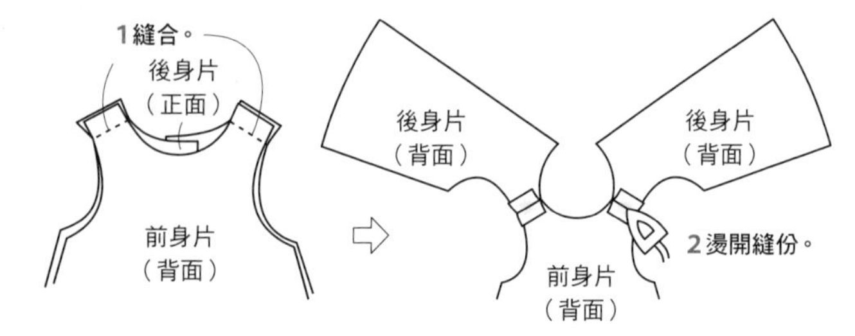
1縫合。
後身片
（正面）
前身片
（背面）
後身片
（背面）
後身片
（背面）
2燙開縫份。
前身片
（背面）

2 在花朵印花布背面燙貼雙面膠襯，並剪下胸前飾布。

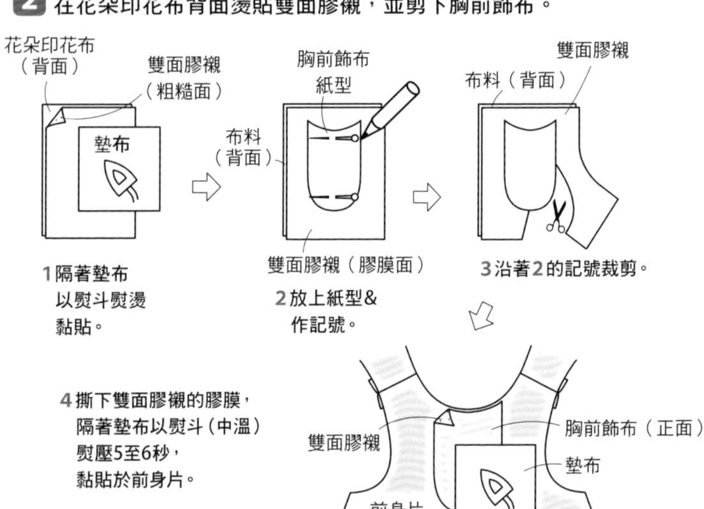
花朵印花布
（背面）
雙面膠襯
（粗糙面）
墊布
1隔著墊布
以熨斗熨燙
黏貼。
胸前飾布
紙型
布料
（背面）
雙面膠襯（膠膜面）
2放上紙型&
作記號。
雙面膠襯
布料（背面）
3沿著2的記號裁剪。
4撕下雙面膠襯的膠膜，
隔著墊布以熨斗（中溫）
熨壓5至6秒，
黏貼於前身片。
雙面膠襯
胸前飾布（正面）
墊布
前身片
（正面）

3 將胸前飾布接縫上水兵帶。

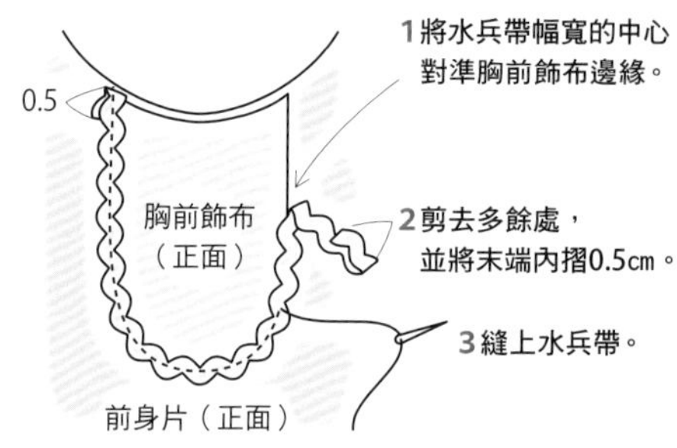
1將水兵帶幅寬的中心
對準胸前飾布邊緣。
0.5
胸前飾布
（正面）
2剪去多餘處，
並將末端內摺0.5cm。
3縫上水兵帶。
前身片（正面）

4 接縫領子。

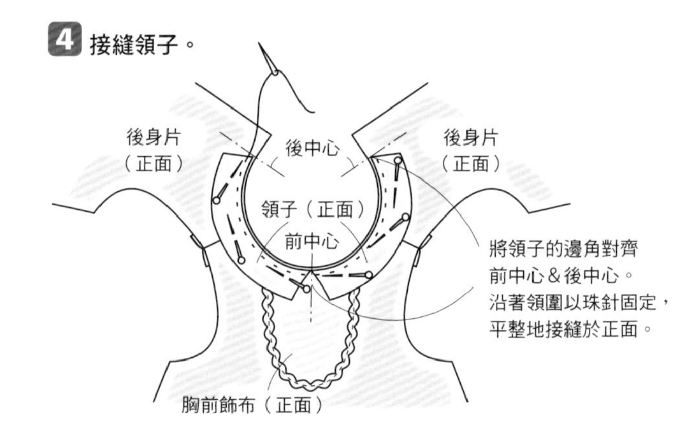
後身片
（正面）
後中心
後身片
（正面）
領子（正面）
前中心
將領子的邊角對齊
前中心&後中心。
沿著領圍以珠針固定，
平整地接縫於正面。
胸前飾布（正面）

5 縫上珍珠。

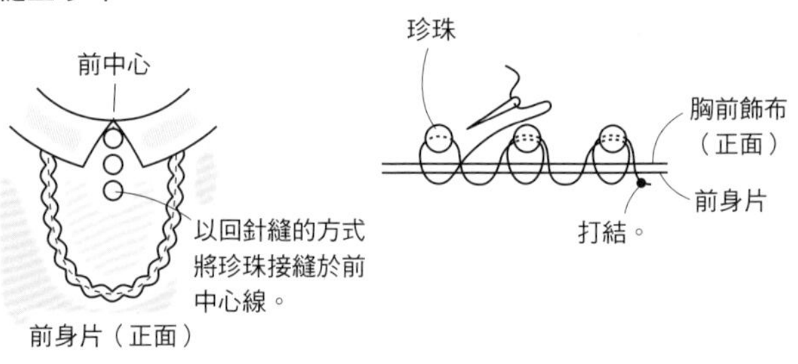
前中心
以回針縫的方式
將珍珠接縫於前
中心線。
前身片（正面）
珍珠
胸前飾布
（正面）
前身片
打結。

6 將前後身片脇邊正面相對對齊&縫合。

※燙開縫份。

前身片（正面）
6
1
後身片
（背面）
1
後身片
（背面）
前身片
（背面）

7 將蕾絲接縫於下襬。

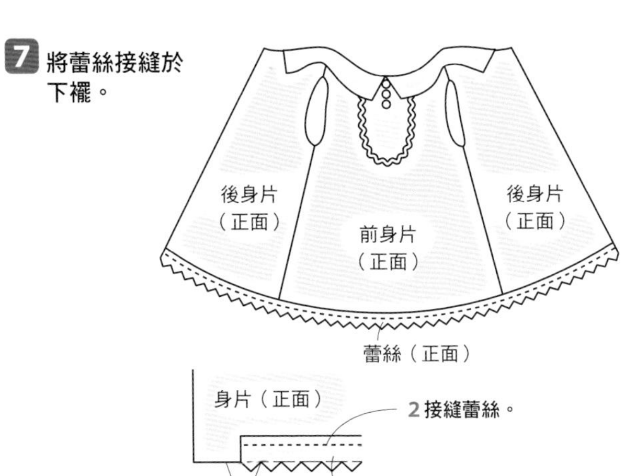
後身片
（正面）
前身片
（正面）
後身片
（正面）
蕾絲（正面）

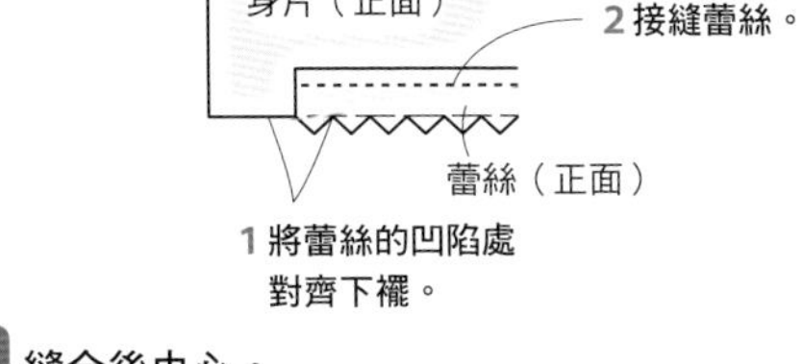
身片（正面）
2 接縫蕾絲。
蕾絲（正面）
1 將蕾絲的凹陷處
對齊下襬。

8 縫合後中心。

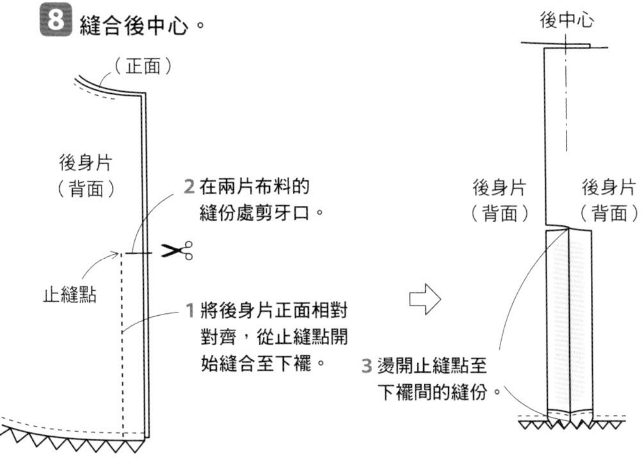
（正面）
後身片
（背面）
2 在兩片布料的
縫份處剪牙口。
止縫點
1 將後身片正面相對
對齊，從止縫點開
始縫合至下襬。
後中心
後身片
（背面）
後身片
（背面）
3 燙開止縫點至
下襬間的縫份。

9 將止縫點縫合固定。

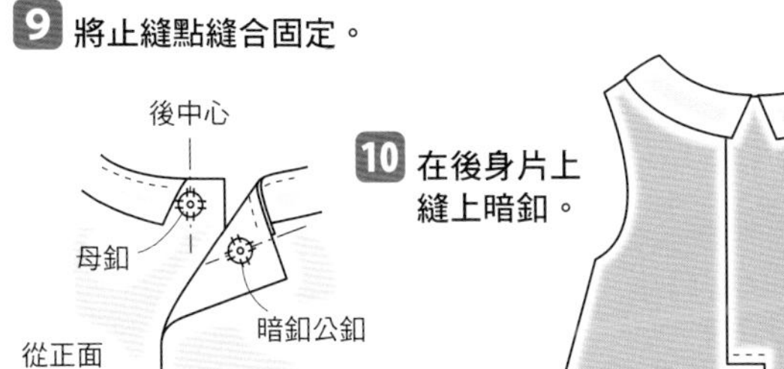
後中心
母釦
暗釦公釦
從正面
車縫固定。
0.2
止縫點
後中心
後身片
（正面）

10 在後身片上縫上暗釦。

02 長上衣

裁布圖（原寸紙型A面）

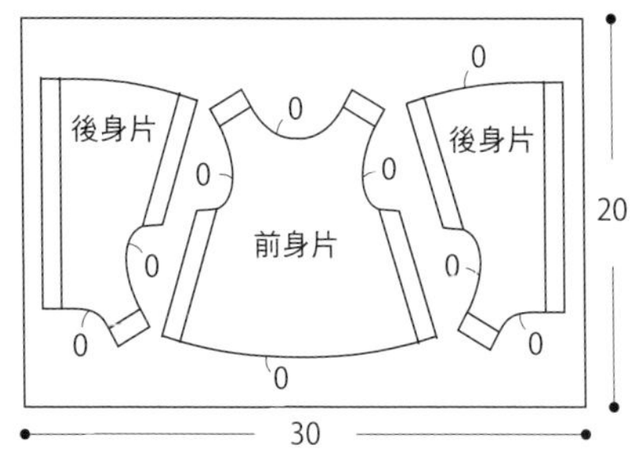
深藍色不織布
後身片
前身片
後身片
0
20
30

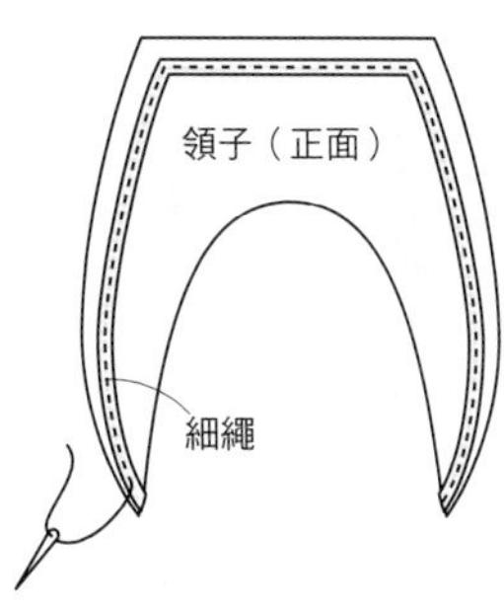
白色不織布
0
底布
領子
15
15

※除了特別指定處之外，縫份皆為1cm。

1 同P.40 01 **1**・**6**至**10**。

2 在領子上接縫細繩，縫合於細繩中央。

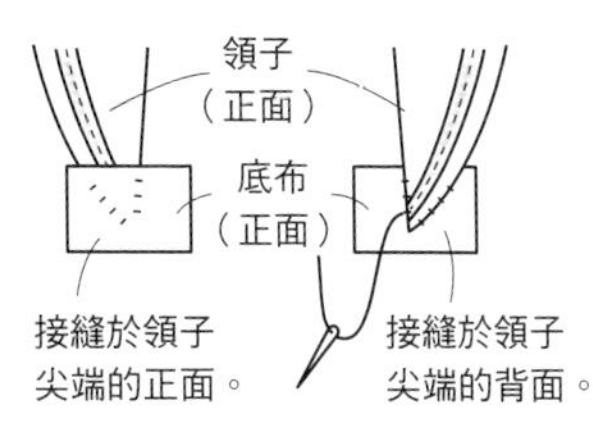
領子（正面）
細繩

3 在領子尖端接縫底布。

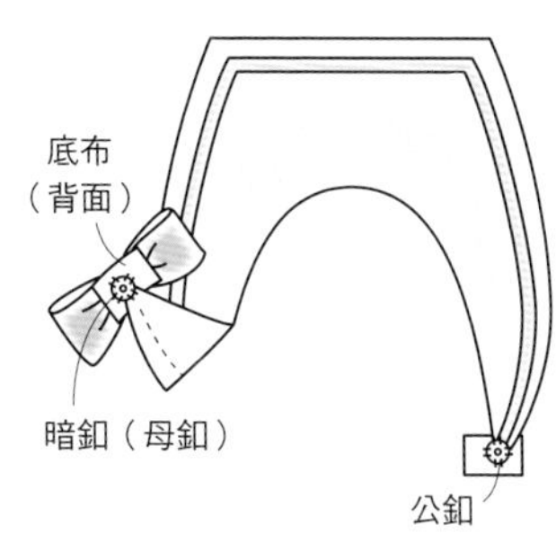
領子
（正面）
底布
（正面）
接縫於領子
尖端的正面。
接縫於領子
尖端的背面。

5 將底布縫上暗釦。

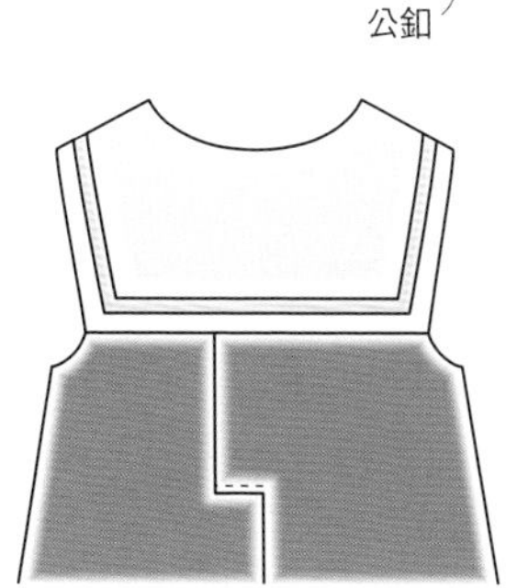
底布
（背面）
暗釦（母釦）
公釦

4 製作蝴蝶結&接縫於底布上。

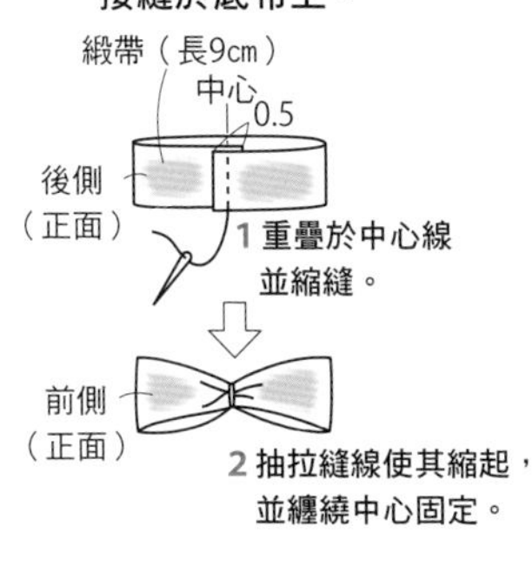
緞帶（長9cm）
中心
0.5
後側
（正面）
1 重疊於中心線
並縮縫。
前側
（正面）
2 抽拉縫線使其縮起，
並纏繞中心固定。

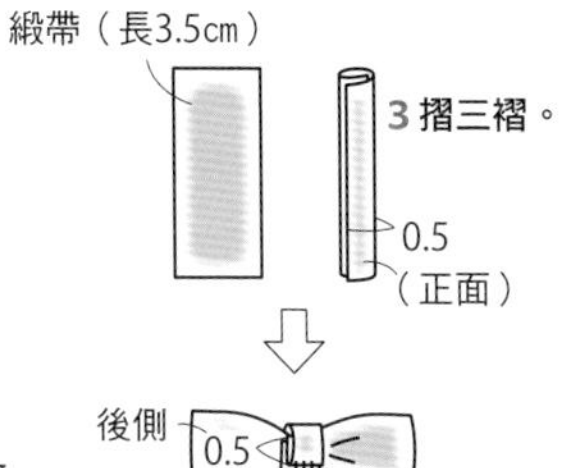
緞帶（長3.5cm）
3 摺三褶。
0.5
（正面）
後側
0.5
4 捲繞中心&
挑縫固定。

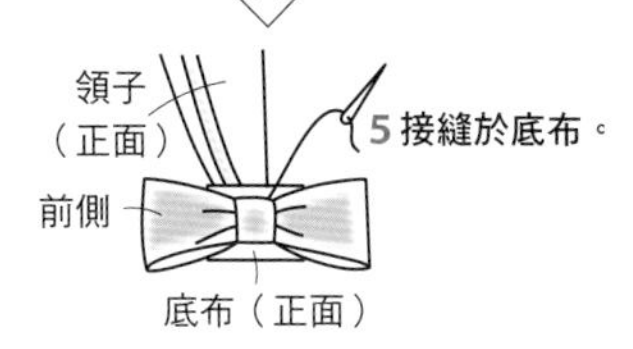
領子
（正面）
5 接縫於底布。
前側
底布（正面）

B
03,04

洋裝

材料

03…花朵印花布 55cm×30cm
原色蕾絲 寬1.6cm×8cm
黃色羅紋緞帶 寬1cm×35cm
橘色羅紋緞帶 寬0.5cm×50cm
暗釦 直徑0.5cm×2組

04…花朵印花布 55cm×35cm
民族風織帶 寬1cm×20cm
黃色水兵帶 寬0.7cm×45cm
暗釦 直徑0.5cm×2組

03
04

03 洋裝

裁布圖（原寸紙型A面）

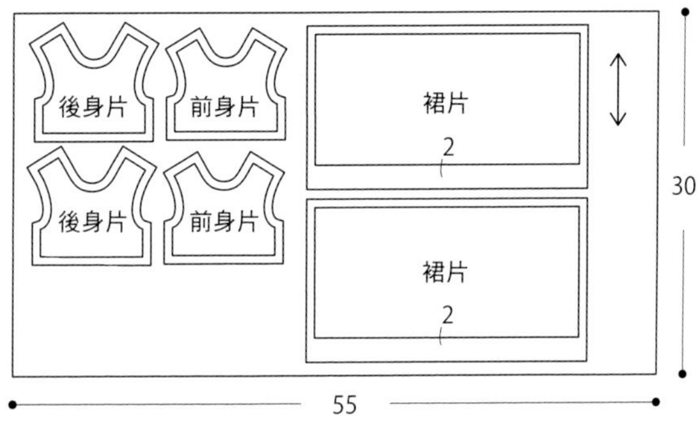
花朵印花布
※除了特別指定處之外，縫份皆為0.7cm。
後身片
前身片
後身片
前身片
裙片
2
裙片
2
30
55

1 同P.43 05 **1**至**6**。

2 接縫蕾絲＆緞帶。

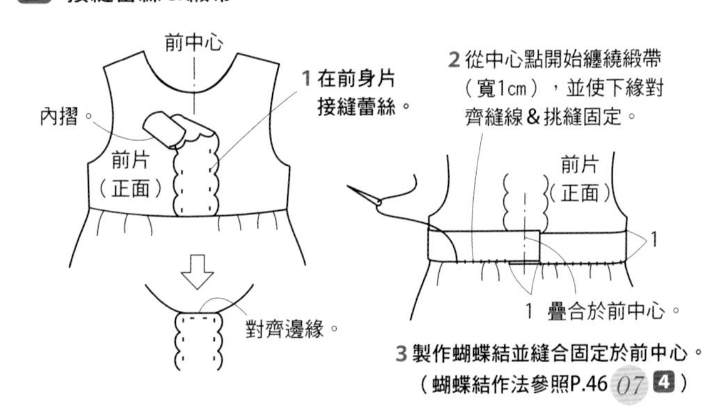
前中心
內摺。
前片
（正面）
1 在前身片
接縫蕾絲。
對齊邊緣。
2 從中心點開始纏繞緞帶
（寬1cm），並使下緣對
齊縫線＆挑縫固定。
前片
（正面）
1
1 疊合於前中心。
3 製作蝴蝶結並縫合固定於前中心。
（蝴蝶結作法參照P.46 07 4）

4 在下襬處接縫緞帶
（寬0.5cm）。
裙片
（正面）
脇邊
1
1
1
緞帶尾端內摺1cm後
疊合於緞帶開頭端。
0.5
1

3 縫上暗釦（P.44 05 **7**）。

04 洋裝

裁布圖（原寸紙型A面）

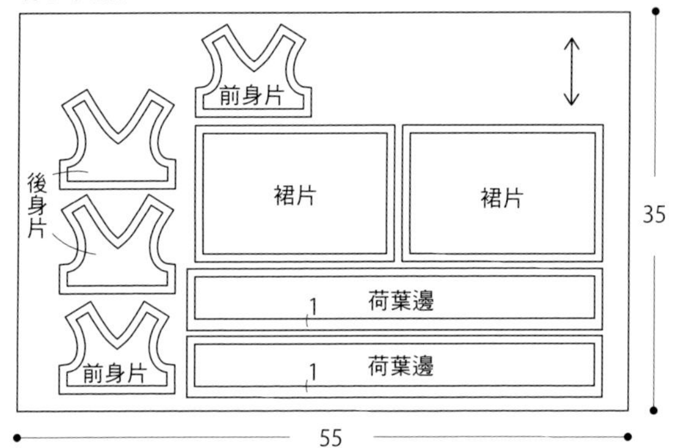
花朵印花布
※除了特別指定處之外，縫份皆為0.7cm。
前身片
後身片
前身片
裙片
裙片
荷葉邊
1
荷葉邊
1
35
55

1 縫製身片。

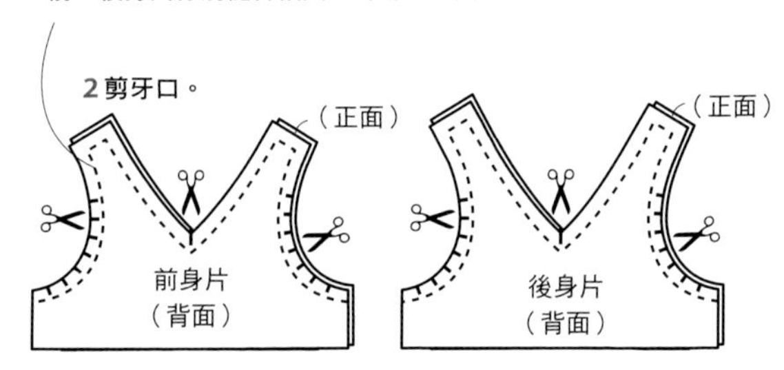
1 前、後身片分別縫合袖圍、肩膀、領圍。
2 剪牙口。
（正面）
（正面）
前身片
（背面）
後身片
（背面）

3 同P.43 05 **1** 3至5。

2 縫製裙片（P.44 05 **2**）。

3 製作荷葉邊。

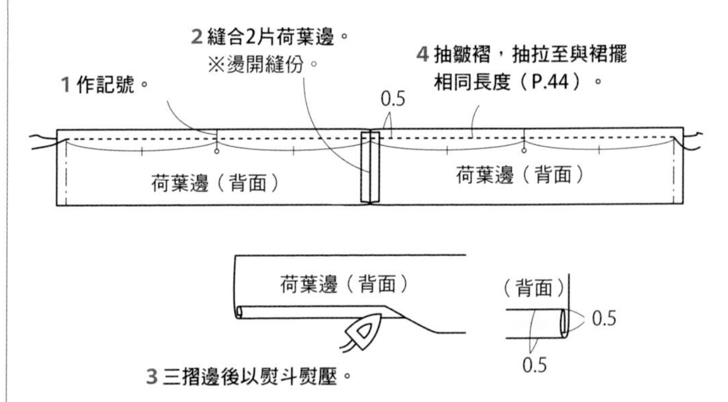
1 作記號。
2 縫合2片荷葉邊。
※燙開縫份。
4 抽皺褶，抽拉至與裙擺
相同長度（P.44）。
0.5
荷葉邊（背面）
荷葉邊（背面）
荷葉邊（背面）
（背面）
0.5
0.5
3 三摺邊後以熨斗熨壓。

4 接縫裙片＆荷葉邊。

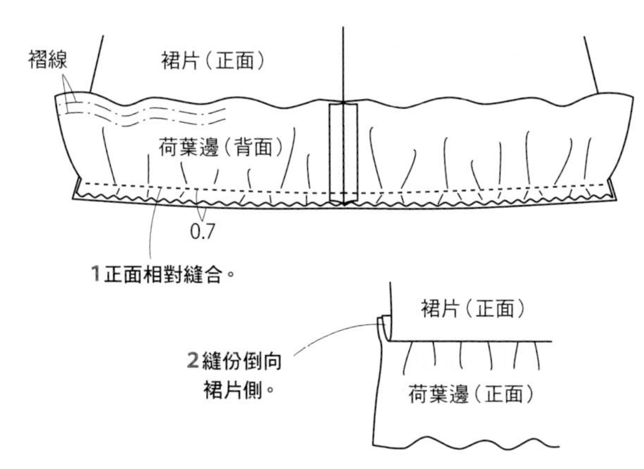

褶線
裙片（正面）
荷葉邊（背面）
0.7
1正面相對縫合。

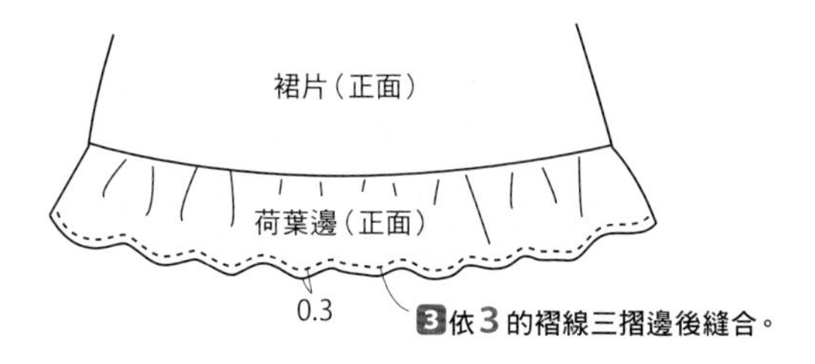

裙片（正面）
2縫份倒向
裙片側。
荷葉邊（正面）

5 縫合裙片＆身片（P.44 05 3）。

6 縫合脇邊（P.44 05 4）。

7 縫合荷葉邊的下襬。

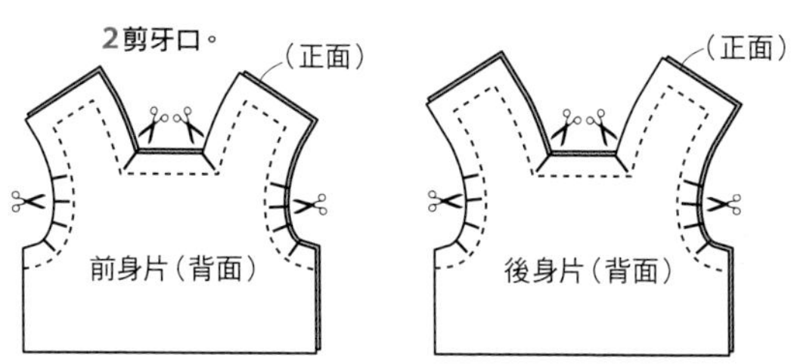

裙片（正面）
荷葉邊（正面）
0.3
3依3的褶線三摺邊後縫合。

8 接縫民族風織帶＆水兵帶。

1將民族風織帶的下緣對齊縫線後縫合。

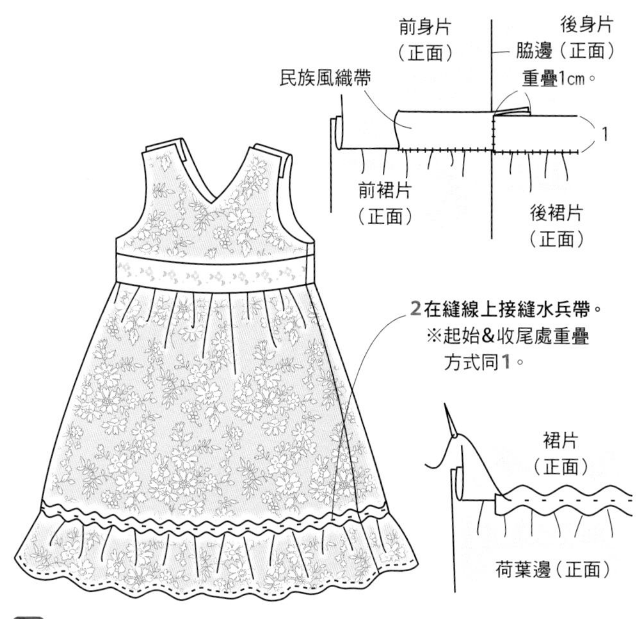

前身片
（正面）
後身片
脇邊（正面）
重疊1cm。
民族風織帶
1
前裙片
（正面）
後裙片
（正面）
2在縫線上接縫水兵帶。
※起始＆收尾處重疊
方式同1。
裙片
（正面）
荷葉邊（正面）

9 縫上暗釦（P.44 05 7）。

背心裙

材料
格子布 55cm×25cm
暗釦 直徑0.5cm×2組

05

裁布圖（原寸紙型A面）

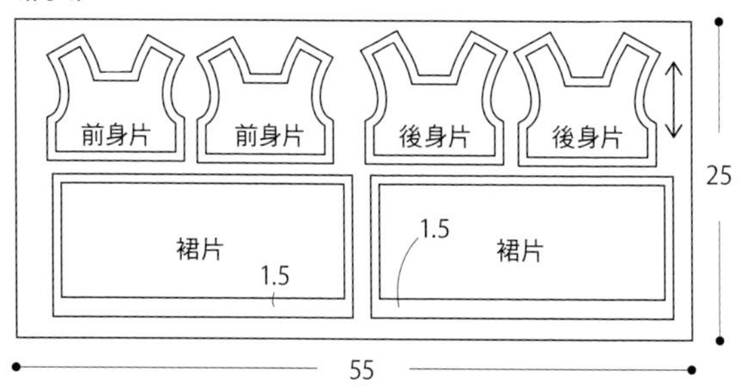

格子布
前身片
前身片
後身片
後身片
25
裙片
1.5
1.5
裙片
55

※除了特別指定處之外，縫份皆為0.7cm。

1 縫合身片。

1分別將兩片前身片、兩片後身片各自正面相對對齊，縫合袖圍、肩膀和領圍。

2剪牙口。
（正面）
（正面）
前身片（背面）
後身片（背面）

3翻至正面。

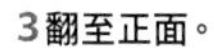

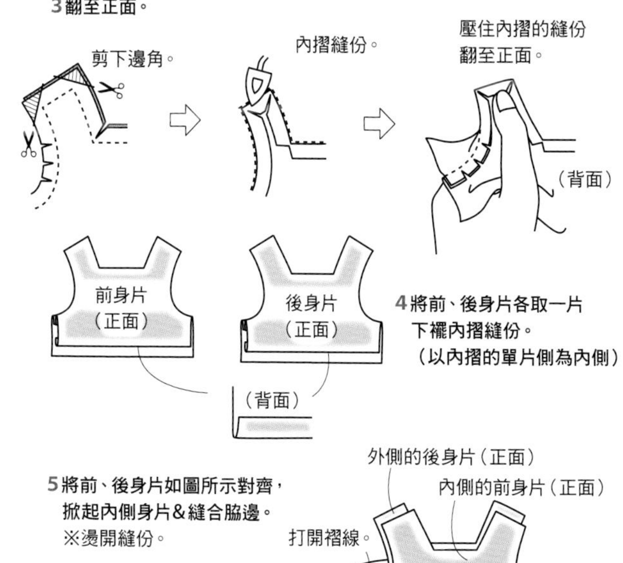

剪下邊角。
內摺縫份。
壓住內摺的縫份
翻至正面。
（背面）
前身片
（正面）
後身片
（正面）
4將前、後身片各取一片
下襬內摺縫份。
（以內摺的單片側為內側）
（背面）
外側的後身片（正面）
內側的前身片（正面）
5將前、後身片如圖所示對齊，
掀起內側身片＆縫合脇邊。
※燙開縫份。
打開摺線。
僅縫合左脇邊。
外側身片（背面）

接續下頁

2 縫合裙片。

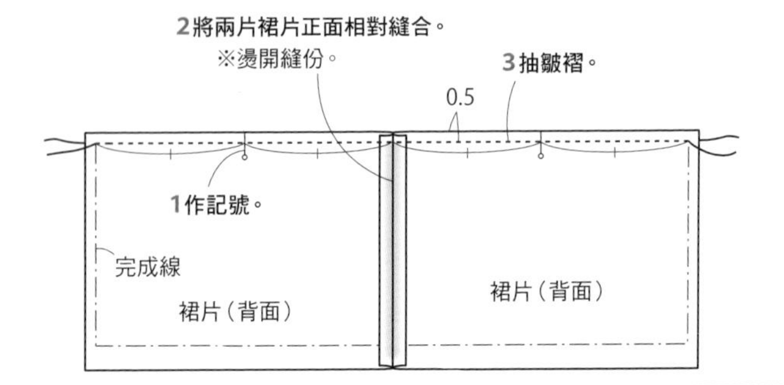
2將兩片裙片正面相對縫合。
※燙開縫份。
3抽皺褶。
0.5
1作記號。
完成線
裙片（背面）
裙片（背面）

抽皺褶的方式
以縫紉機車縫 慢慢抽拉下線， 收縮至指定寬度， 並使皺褶均勻分布。 ※也可使用縮縫 抽皺褶。

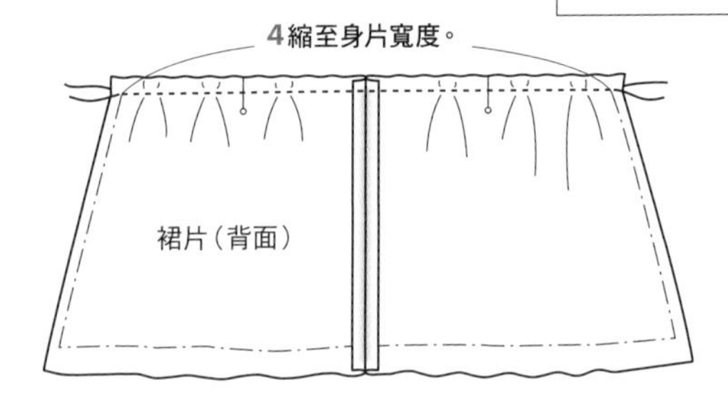
4縮至身片寬度。
裙片（背面）

3 縫合脇邊。

※對齊記號。

※使縫份倒向身片側。

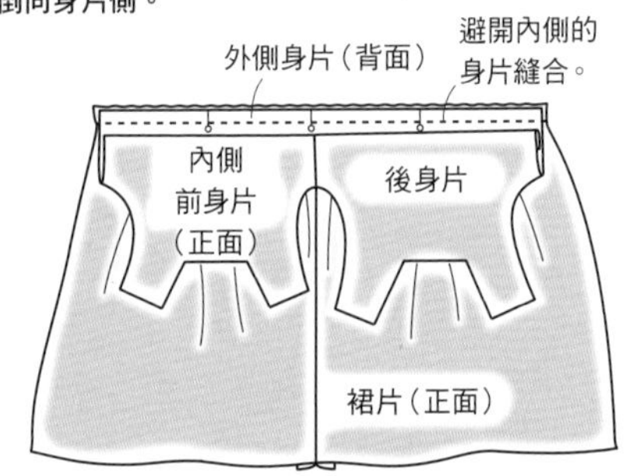
外側身片（背面）
避開內側的
身片縫合。
內側
前身片
（正面）
後身片
裙片（正面）

4 縫合脇邊。

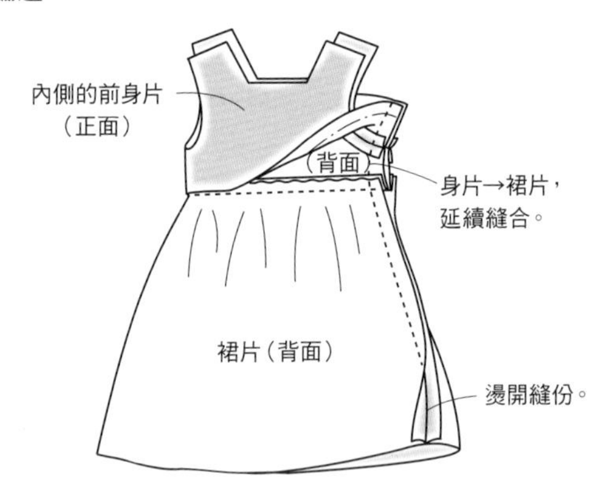
內側的前身片
（正面）
（背面）
身片→裙片，
延續縫合。
裙片（背面）
燙開縫份。

5 挑縫內側身片。

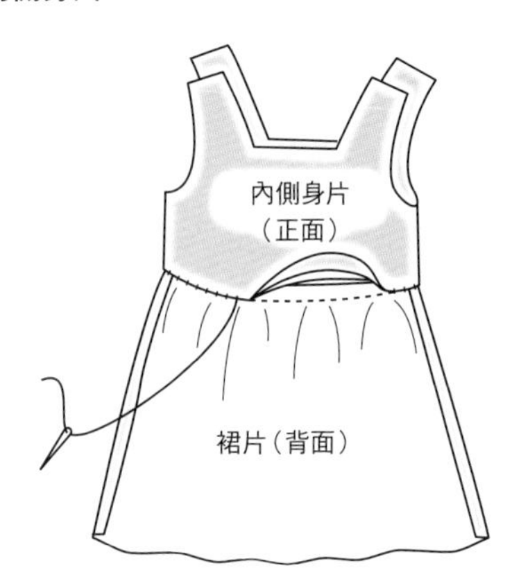
內側身片
（正面）
裙片（背面）

6 縫合裙片下襬。

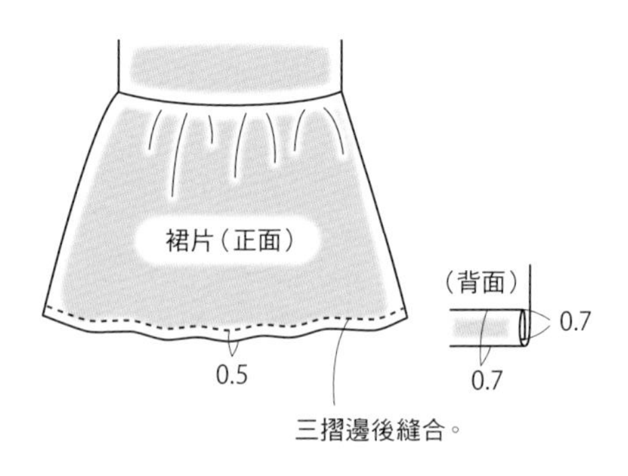
裙片（正面）
（背面）
0.7
0.5
0.7
三摺邊後縫合。

7 縫上暗釦。

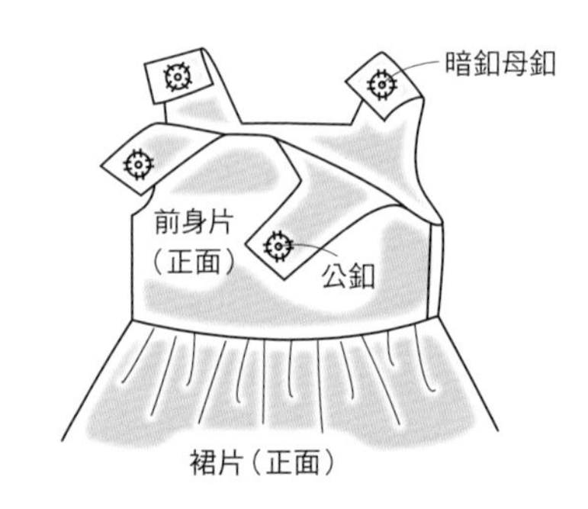
暗釦母釦
前身片
（正面）
公釦
裙片（正面）

B
06,07

洋裝

材料

06…黑色素色布 30cm×25cm
灰色綢緞布 45cm×25cm
黑色壓褶緞帶 寬1.5cm×15cm
黑色亮面緞帶 寬1.5cm×40cm
珍珠 直徑0.3cm×約20個
蝴蝶結裝飾 6個、暗釦 直徑0.5cm×2組

07…粉紅色絨布 35cm×25cm
粉紅色素色布 15cm×25cm
原色蕾絲 寬12cm×35cm
粉紅色羅紋緞帶 寬0.9cm×40cm
暗釦 直徑0.5cm×2組

06
07

06 洋裝

裁布圖（原寸紙型A面）

素色布

※縫份為0.7cm。

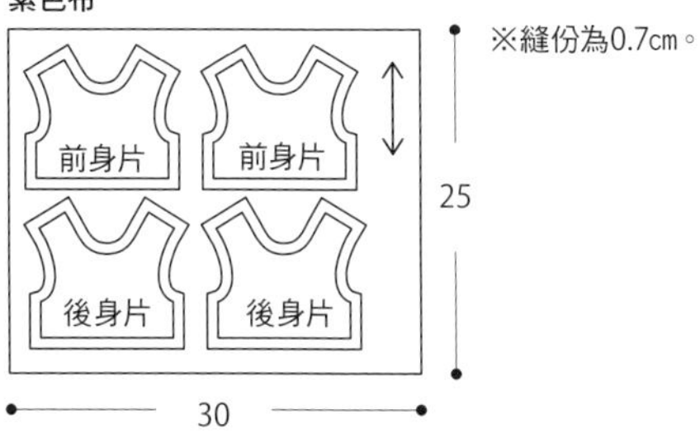
前身片
前身片
後身片
後身片
25
30

綢緞布

※無光澤面為正面。

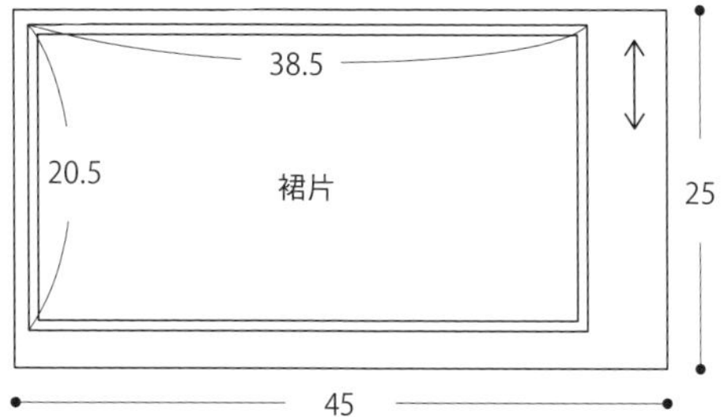
38.5
20.5
裙片
25
45

1 縫合身片。

1將前後身片各自縫合袖圍、肩線和領圍。

2剪牙口。

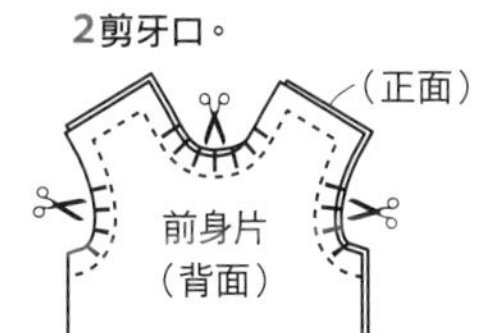
(正面)
前身片
(背面)

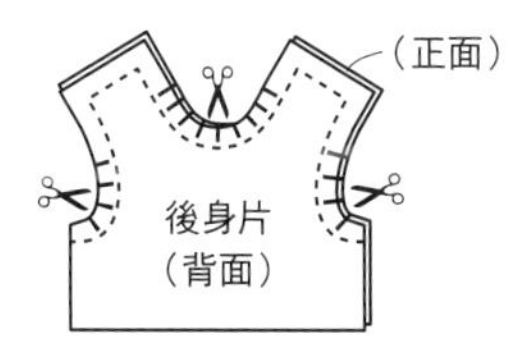
(正面)
後身片
(背面)

3翻至正面（P.43 05 1 3）。

4將要作為內側身片的布料縫份內摺（P.43 05 1 4）。

5將前後身片如圖所示對齊，
掀起內側身片後縫合脇邊。
※燙開縫份。

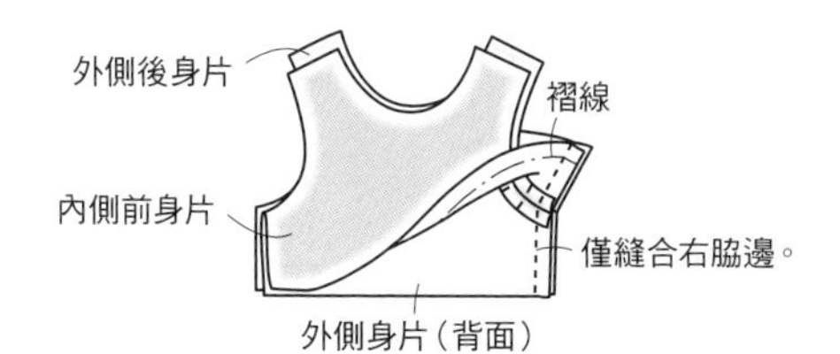
外側後身片
褶線
內側前身片
僅縫合右脇邊。
外側身片（背面）

2 將裙子抽皺褶，並與身片縫合。

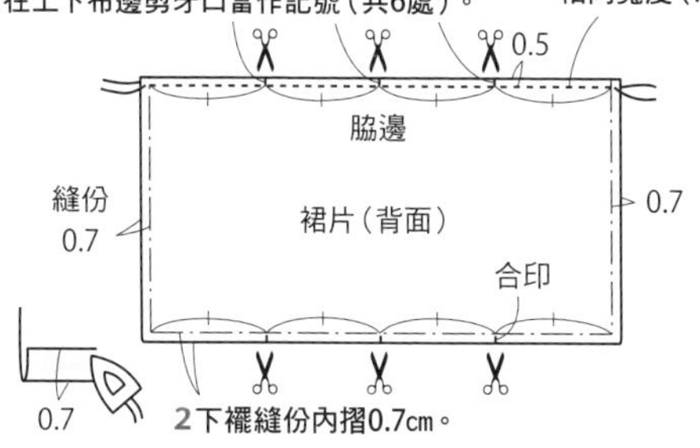
1在上下布邊剪牙口當作記號（共6處）。
3抽皺褶，縮至與身片相同寬度（P.44）。
0.5
脇邊
縫份
0.7
裙片（背面）
0.7
合印
0.7
2下襬縫份內摺0.7cm。

4對齊縫合裙片＆身片（P.44 05 3）。
※使縫份倒向裙片側。

內側
後身片
3 縫合脇邊。
裙片（背面）
燙開縫份。
0.7
0.3
4 內摺並縫合邊緣，抽出皺褶。
5 將下襬布邊往上摺並縮至腰部寬度。
裙片（正面）
摺雙
5
6 將邊緣挑縫於腰部縫線。
內側身片
(正面)
裙片（正面）
7 挑縫內側身片。

8 將前身片的領圍縫上壓摺緞帶＆珍珠。

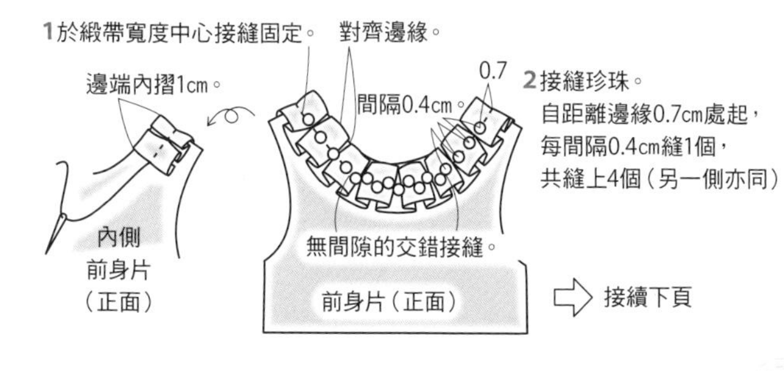
1於緞帶寬度中心接縫固定。
對齊邊緣。
邊端內摺1cm。
間隔0.4cm。
0.7
2接縫珍珠。
自距離邊緣0.7cm處起，
每間隔0.4cm縫1個，
共縫上4個（另一側亦同）
內側
前身片
(正面)
無間隙的交錯接縫。
前身片（正面）

接續下頁

9 在腰圍處接縫亮面緞帶。

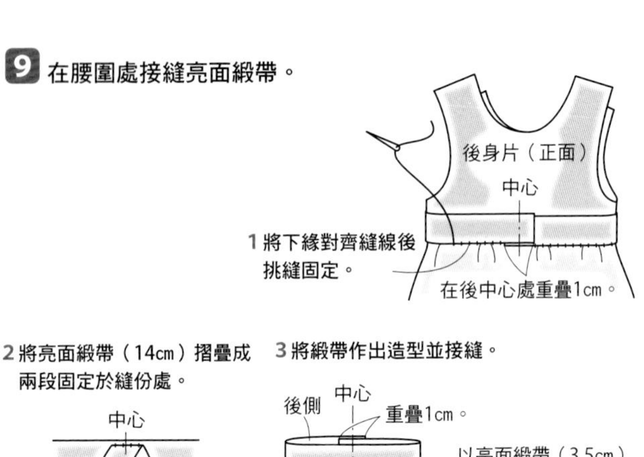

後身片（正面）
中心
1 將下緣對齊縫線後挑縫固定。
在後中心處重疊1cm。

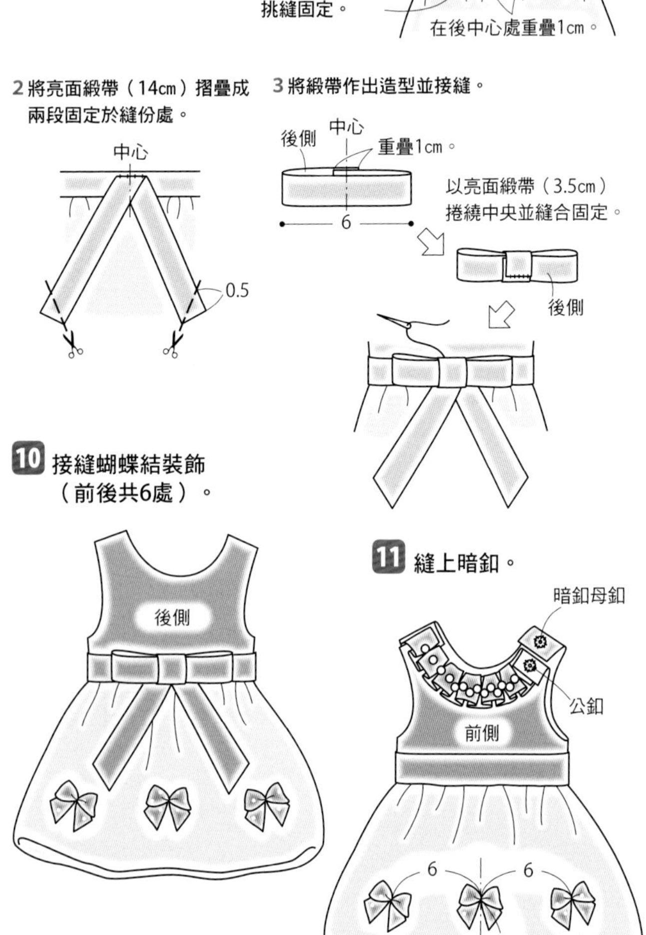

2 將亮面緞帶（14cm）摺疊成兩段固定於縫份處。
中心
0.5
3 將緞帶作出造型並接縫。
後側
中心
重疊1cm。
6
以亮面緞帶（3.5cm）捲繞中央並縫合固定。
後側
後側
暗釦母釦
公釦
前側
6
6
4

10 接縫蝴蝶結裝飾（前後共6處）。

11 縫上暗釦。

07 洋裝

裁布圖（原寸紙型A面）

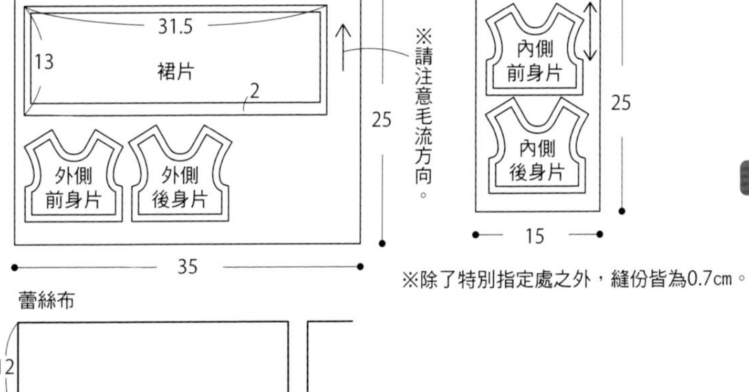

絨布
31.5
13
裙片
2
外側前身片
外側後身片
25
35
※請注意毛流方向。
素色布
內側前身片
內側後身片
25
15
蕾絲布
12
31
裁剪。

※除了特別指定處之外，縫份皆為0.7cm。

1 同P.43 05 **1**至**5**。

內側身片（正面）
裙片（背面）
（背面）
1
1

2 下襬三摺邊，使縫線不露出於表面挑縫固定。

3 縫上蕾絲。

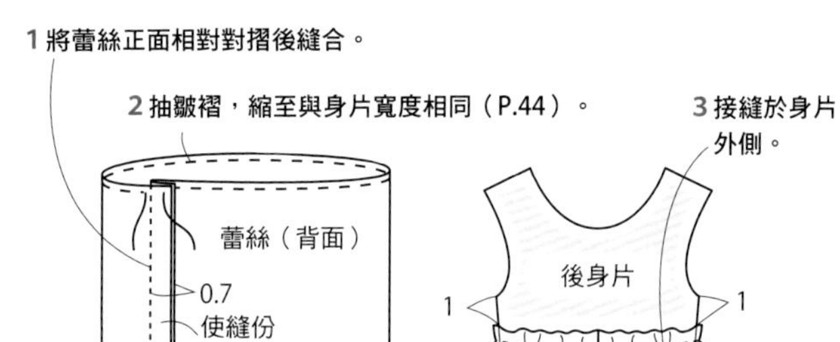

1 將蕾絲正面相對對摺後縫合。
2 抽皺褶，縮至與身片寬度相同（P.44）。
蕾絲（背面）
0.7
使縫份倒向一側。
蕾絲

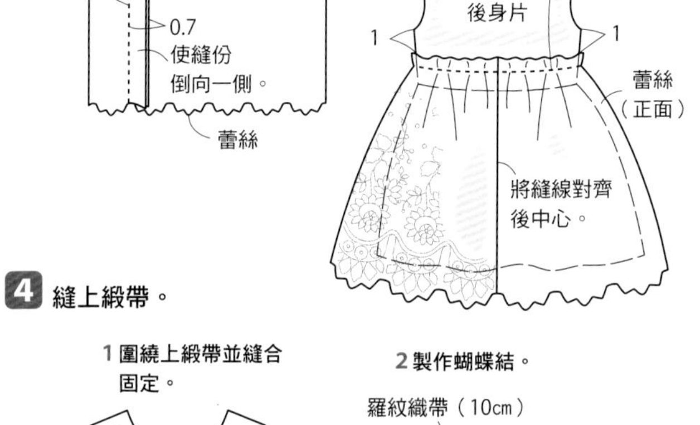

3 接縫於身片外側。
後身片
1
1
蕾絲（正面）
將縫線對齊後中心。

4 縫上緞帶。

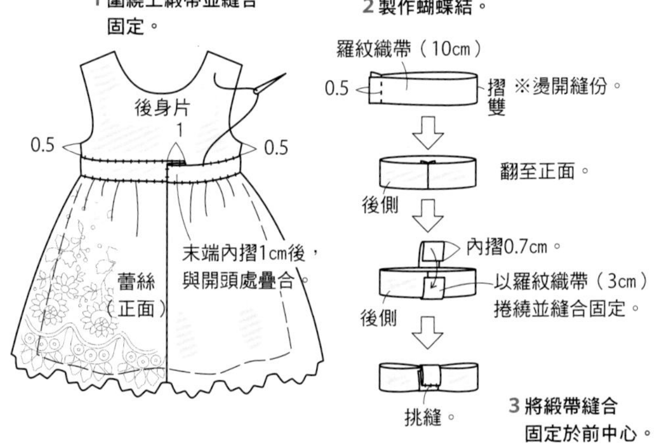

1 圍繞上緞帶並縫合固定。
後身片
1
0.5
0.5
末端內摺1cm後，與開頭處疊合。
蕾絲（正面）
2 製作蝴蝶結。
羅紋織帶（10cm）
0.5
摺雙
※燙開縫份。
翻至正面。
後側
內摺0.7cm。
以羅紋織帶（3cm）捲繞並縫合固定。
後側
挑縫。

3 將緞帶縫合固定於前中心。

5 縫上暗釦。

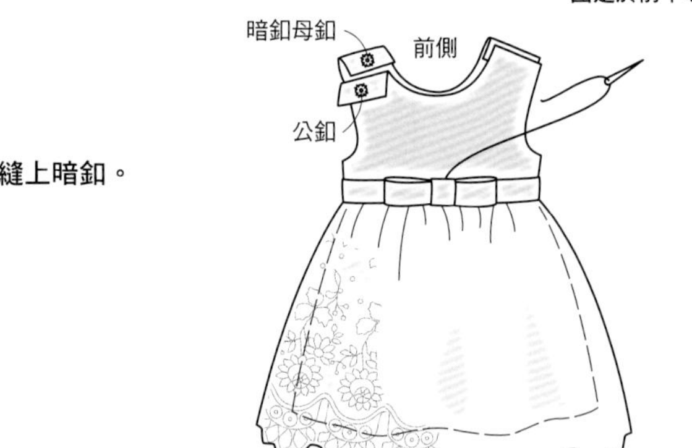

暗釦母釦
前側
公釦

洋裝

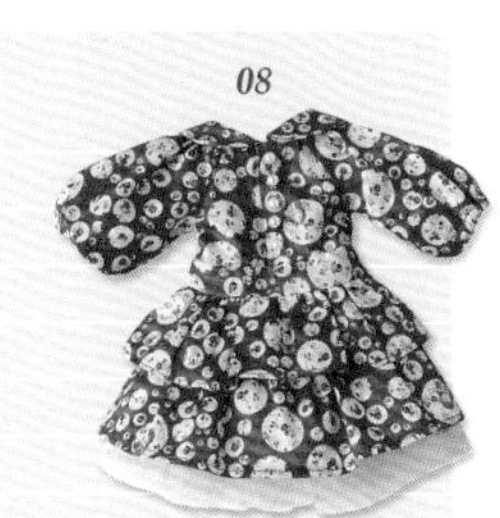

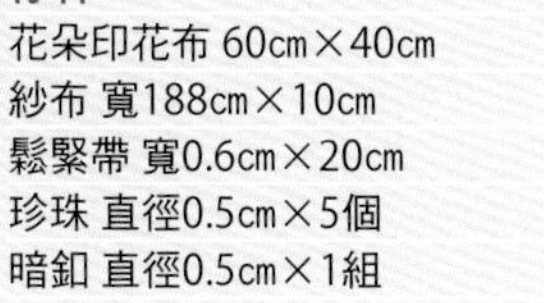

材料

花朵印花布 60cm×40cm
紗布 寬188cm×10cm
鬆緊帶 寬0.6cm×20cm
珍珠 直徑0.5cm×5個
暗釦 直徑0.5cm×1組

裁布圖（原寸紙型A面）

花朵印花布

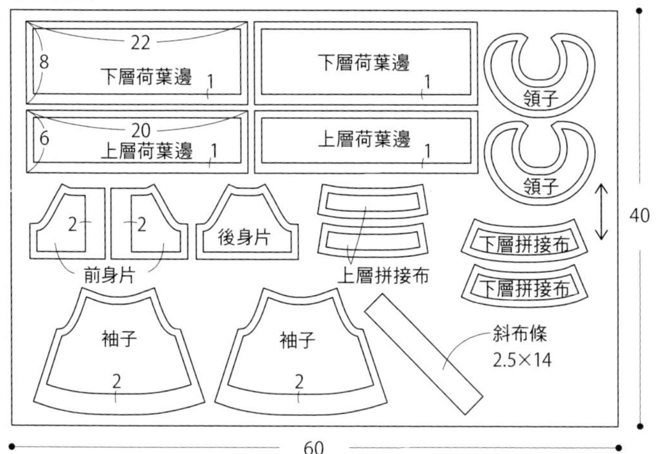
22
8
下層荷葉邊
1
下層荷葉邊
1
20
6
上層荷葉邊
1
上層荷葉邊
1
領子
領子
2
2
後身片
前身片
上層拼接布
下層拼接布
下層拼接布
40
袖子
袖子
2
2
斜布條
2.5×14
60

※除了特別指定處之外，縫份皆為0.7cm。

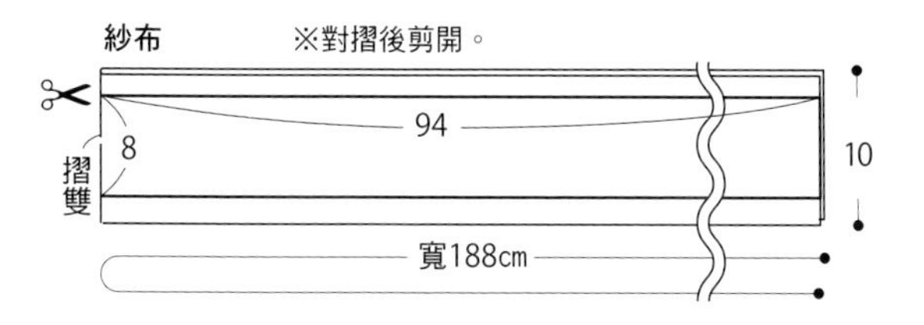
紗布
※對摺後剪開。
94
8
摺雙
10
寬188cm

1 袖口三摺邊後縫合（P.51 10 1）。

2 將前後身片與袖子正面相對縫合（P.51 10 2）。

3 袖子抽皺褶（P.44）。

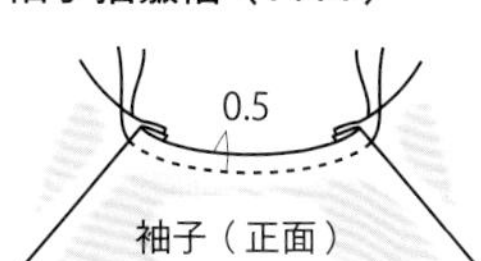
0.5
袖子（正面）

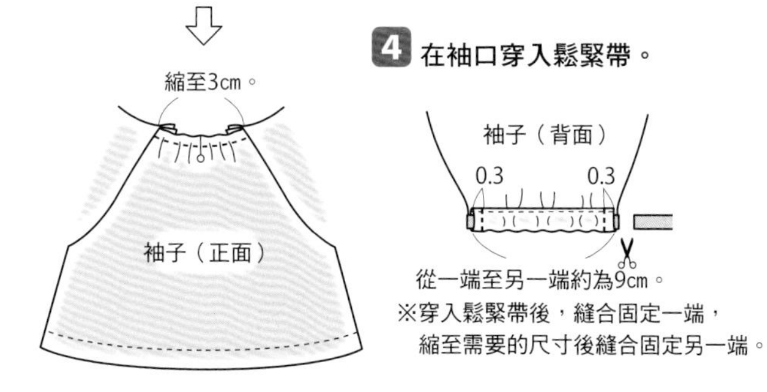
縮至3cm。
袖子（正面）

4 在袖口穿入鬆緊帶。

袖子（背面）
0.3
0.3
從一端至另一端約為9cm。
※穿入鬆緊帶後，縫合固定一端，
縮至需要的尺寸後縫合固定另一端。

5 製作領子。

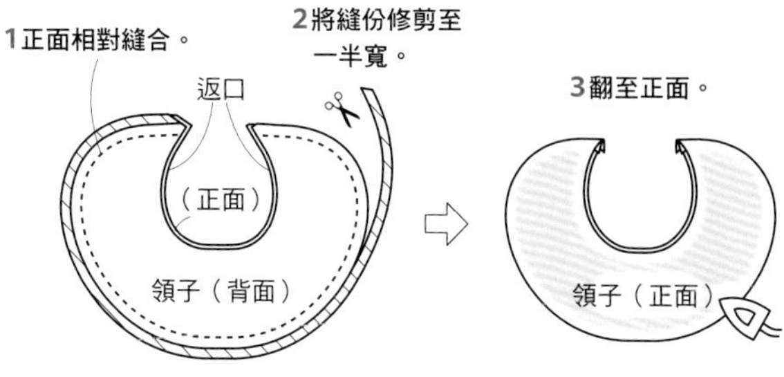
1正面相對縫合。
2將縫份修剪至
一半寬。
返口
（正面）
領子（背面）
3翻至正面。
領子（正面）

6 接縫領子。

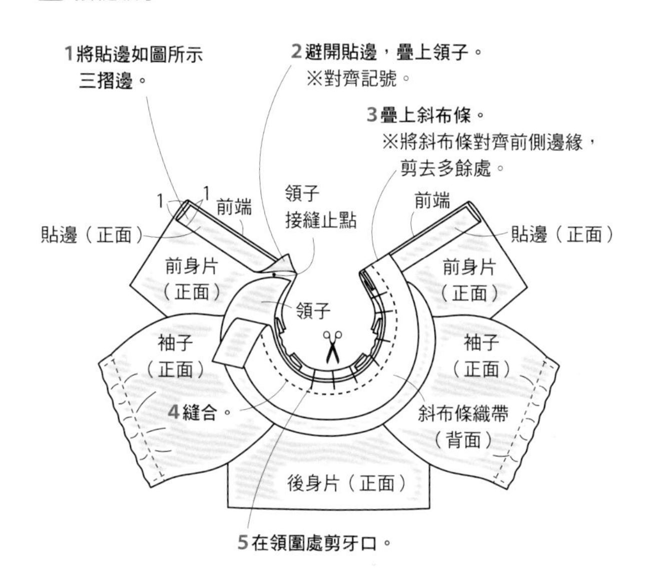
1將貼邊如圖所示
三摺邊。
2避開貼邊，疊上領子。
※對齊記號。
3疊上斜布條。
※將斜布條對齊前側邊緣，
剪去多餘處。
1
1
前端
領子
接縫止點
前端
貼邊（正面）
貼邊（正面）
前身片
（正面）
前身片
（正面）
領子
袖子
（正面）
袖子
（正面）
4縫合。
斜布條織帶
（背面）
後身片（正面）
5在領圍處剪牙口。

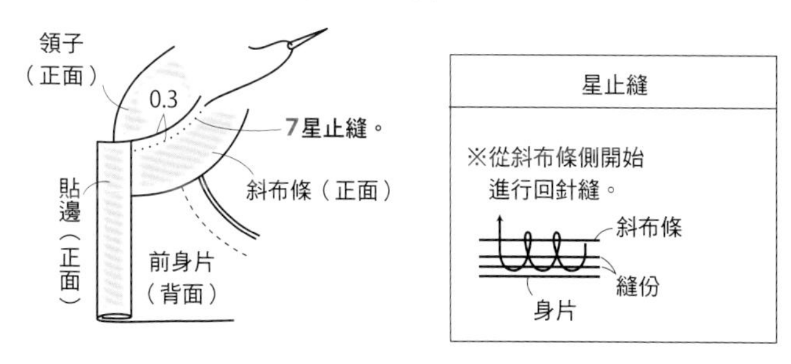
6將貼邊＆斜布條翻至正面。
領子
（正面）
0.3
7星止縫。
斜布條（正面）
貼邊（正面）
前身片
（背面）
星止縫
※從斜布條側開始
進行回針縫。
斜布條
縫份
身片

7 從袖子下側持續縫合至脇邊（P.65 35 6）。

8 製作上・下層荷葉邊。

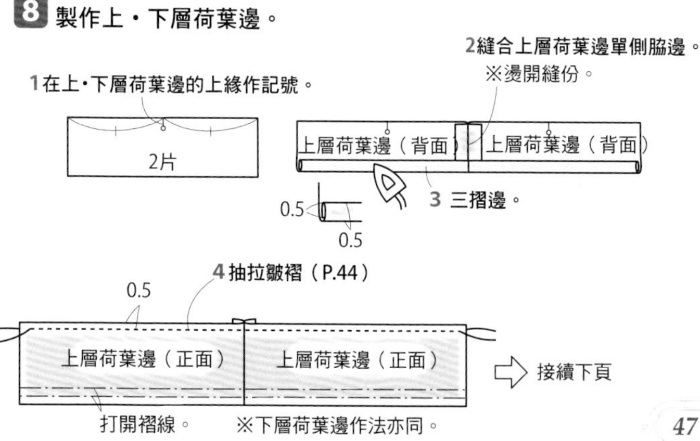
1在上・下層荷葉邊的上緣作記號。
2片
2縫合上層荷葉邊單側脇邊。
※燙開縫份。
上層荷葉邊（背面）
上層荷葉邊（背面）
3 三摺邊。
0.5
0.5
4抽拉皺褶（P.44）
0.5
上層荷葉邊（正面）
上層荷葉邊（正面）
打開摺線。
※下層荷葉邊作法亦同。

接續下頁

9 縫合下層拼接布。

※燙開縫份。

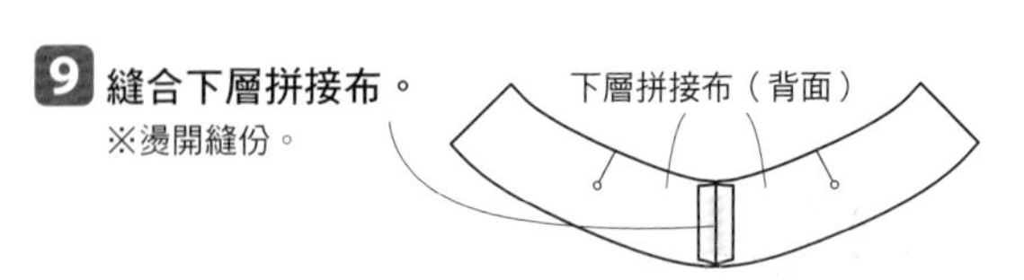

下層拼接布（背面）

10 接縫下層荷葉邊。

※對齊記號。

※使縫份倒向剪接側。

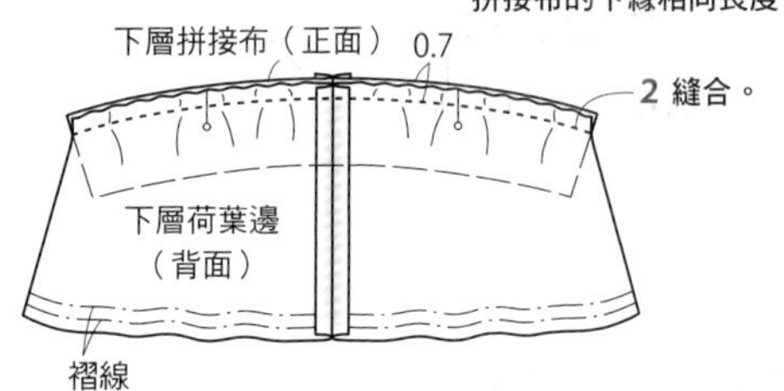

1 將荷葉邊縮縫至與拼接布的下緣相同長度。
下層拼接布（正面）
0.7
2 縫合。
下層荷葉邊（背面）
褶線

11 接縫上層荷葉邊。

※對齊記號。

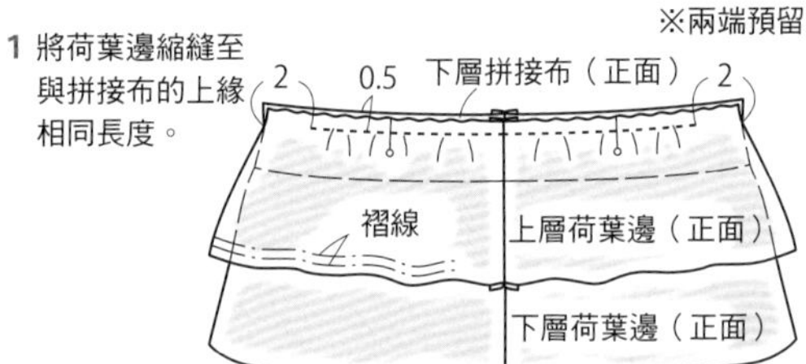

2 與10縫合。
※兩端預留2cm不縫。
1 將荷葉邊縮縫至與拼接布的上緣相同長度。
2
0.5
下層拼接布（正面）
2
褶線
上層荷葉邊（正面）
下層荷葉邊（正面）

12 縫合脇邊。

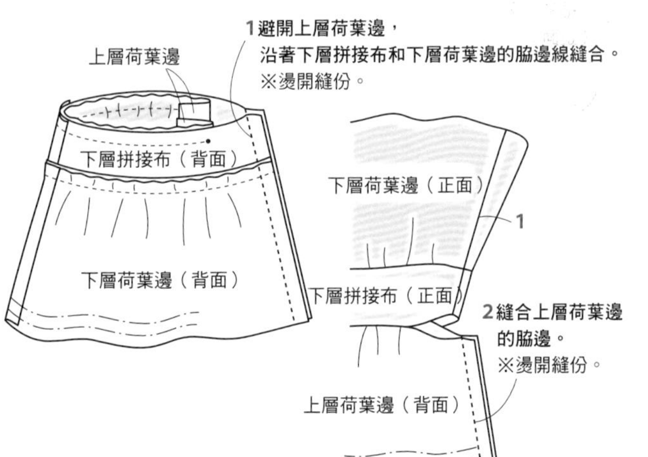

上層荷葉邊
1避開上層荷葉邊，
沿著下層拼接布和下層荷葉邊的脇邊線縫合。
※燙開縫份。
下層拼接布（背面）
下層荷葉邊（正面）
1
下層荷葉邊（背面）
下層拼接布（正面）
2縫合上層荷葉邊的脇邊。
※燙開縫份。
上層荷葉邊（背面）

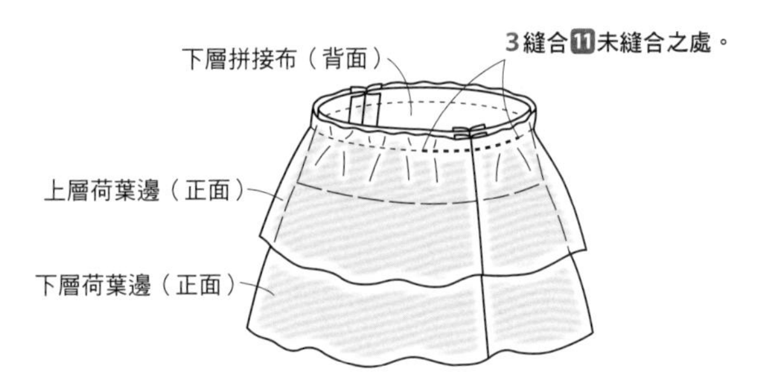

下層拼接布（背面）
3縫合11未縫合之處。
上層荷葉邊（正面）
下層荷葉邊（正面）

13 縫合上層拼接布的兩側。

※燙開縫份。

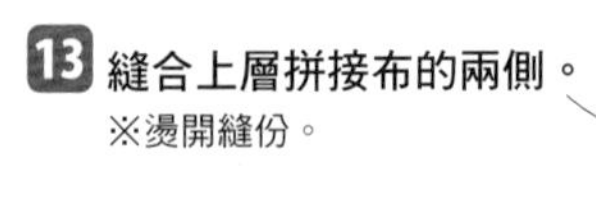

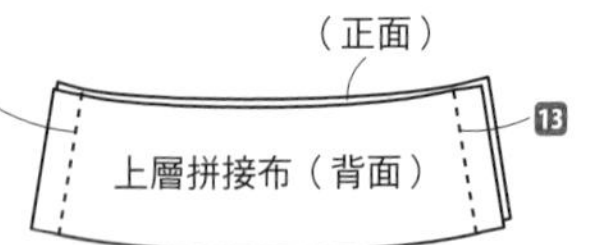

（正面）
上層拼接布（背面）
13

14 縫合12和13。

※對齊記號。

※使縫份倒向上層拼接布。

下層拼接布（正面）

上層拼接布（背面）

上層荷葉邊（正面）

下層荷葉邊（正面）

上層拼接布（正面）

0.3

0.3

15 將荷葉邊下襬三摺邊後縫合。

16 縫合身片&上層拼接布。

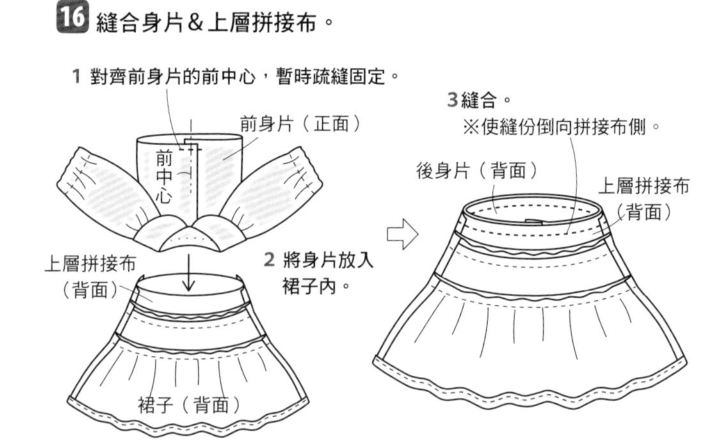

1 對齊前身片的前中心，暫時疏縫固定。
前身片（正面）
前中心
上層拼接布（背面）
2 將身片放入裙子內。
裙子（背面）
3縫合。
※使縫份倒向拼接布側。
後身片（背面）
上層拼接布（背面）

17 在前側縫上暗釦&珍珠。

※珍珠的接縫方式參見P.40 *01* **5**

18 接縫紗布。

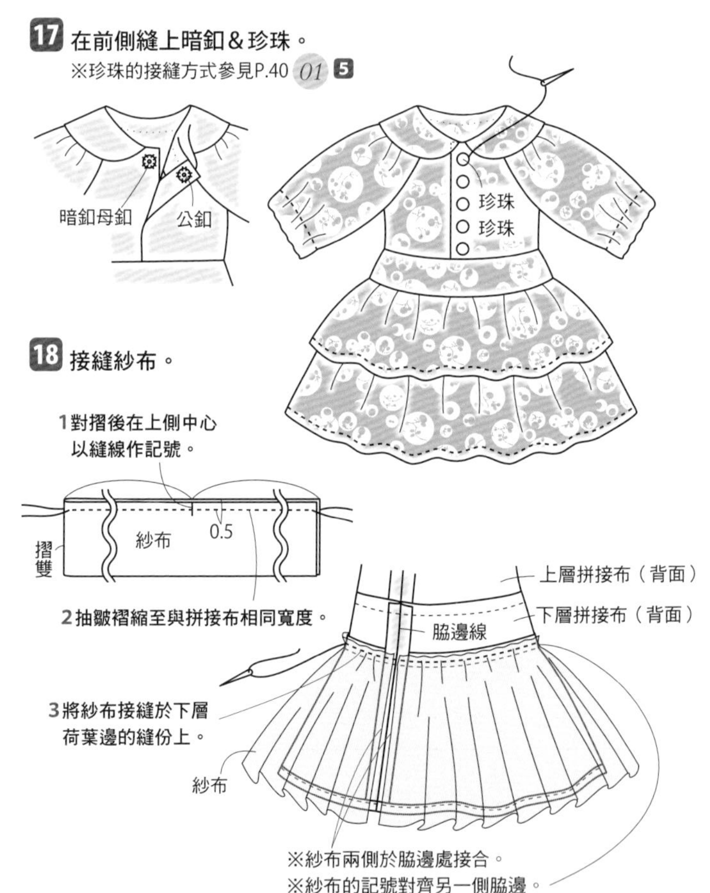

暗釦母釦
公釦
珍珠
珍珠
1對摺後在上側中心以縫線作記號。
0.5
紗布
摺雙
2抽皺褶縮至與拼接布相同寬度。
上層拼接布（背面）
下層拼接布（背面）
脇邊線
3將紗布接縫於下層荷葉邊的縫份上。
紗布
※紗布兩側於脇邊處接合。
※紗布的記號對齊另一側脇邊。

D
09

圍裙洋裝

09

材料　洋裝
格子布 25cm×15cm
白布素色布 45cm×30cm
藍色素色布 55cm×35cm
紗布 寬112cm×35cm
抽摺蕾絲 寬1.8cm×70cm
深藍色水兵帶 寬0.6cm×50cm
蝴蝶結裝飾 4個
附愛心蝴蝶結裝飾 1個
鬆緊帶 寬0.6cm×30cm
暗釦 直徑0.5cm×1組

圍裙　作法參見p.76
白色素布 55cm×30cm
壓褶棉質蕾絲 寬2cm×60cm
蕾絲 寬1cm×15cm
暗釦 直徑0.5cm×1組

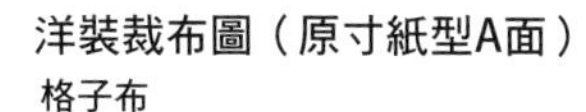

洋裝裁布圖（原寸紙型A面）

※除了特別指定處之外，縫份皆為0.7cm。

格子布

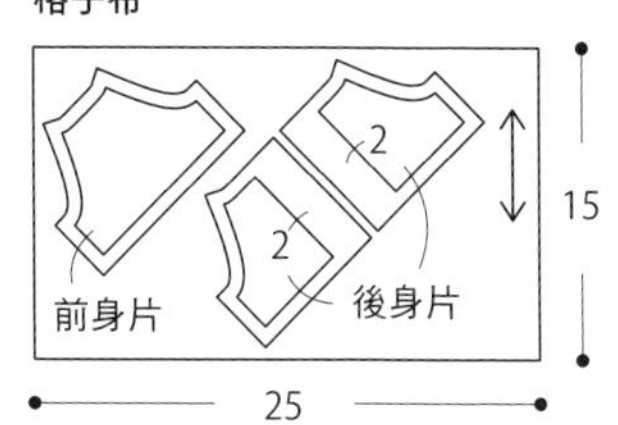
2
2
前身片
後身片
15
25

白色素色布

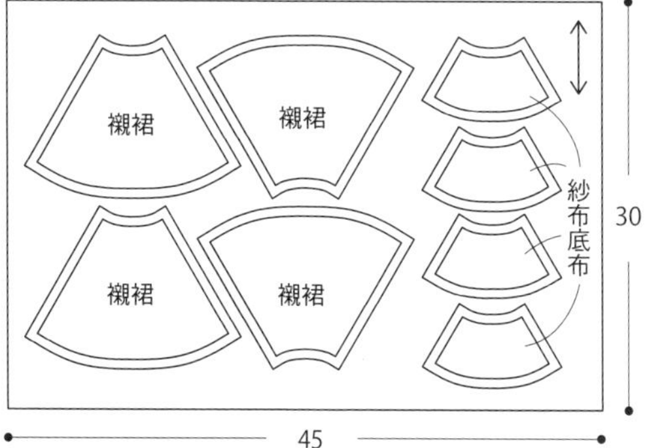
襯裙
襯裙
襯裙
襯裙
紗布底布
30
45

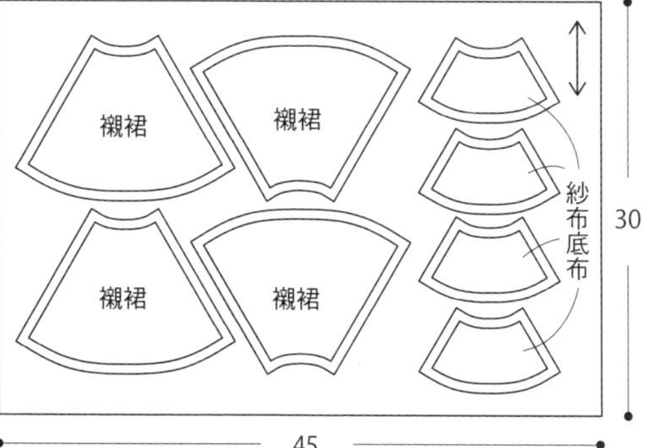

藍色素色布

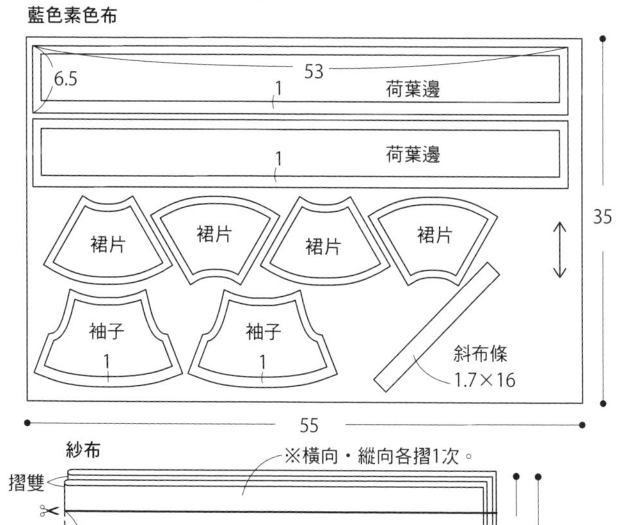
6.5
53
1
荷葉邊
1
荷葉邊
裙片
裙片
裙片
裙片
袖子
1
袖子
1
斜布條
1.7×16
35
55
紗布
※橫向・縱向各摺1次。
摺雙
14
摺雙
35
寬112cm

1 縫製袖子。

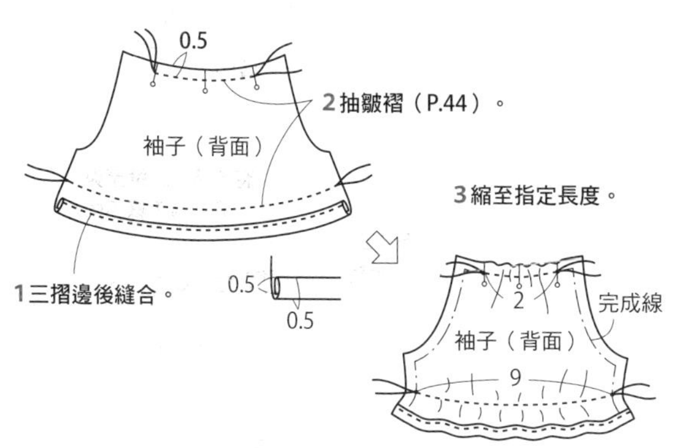
0.5
2抽皺褶（P.44）。
袖子（背面）
3縮至指定長度。
1三摺邊後縫合。
0.5
0.5
2
完成線
袖子（背面）
9

2 對齊＆縫合身片和袖子（P.54 19 **2**）。

3 處理領圍。

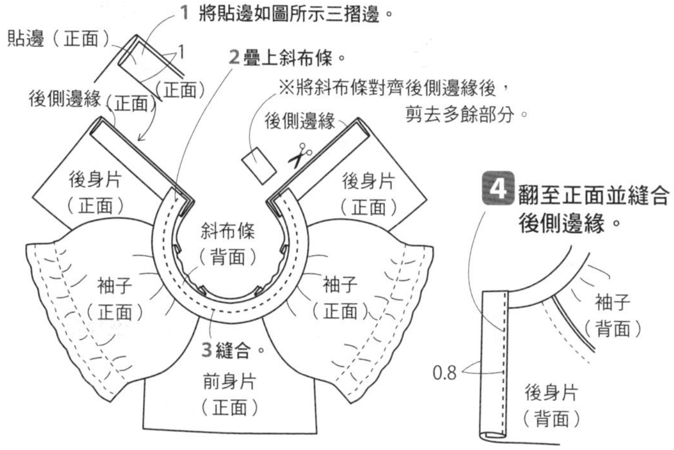
1 將貼邊如圖所示三摺邊。
貼邊（正面）
1
2疊上斜布條。
後側邊緣（正面）
（正面）
※將斜布條對齊後側邊緣後，
剪去多餘部分。
後側邊緣
後身片（正面）
後身片（正面）
斜布條（背面）
袖子（正面）
袖子（正面）
3縫合。
前身片（正面）

4 翻至正面並縫合後側邊緣。

袖子（背面）
0.8
後身片（背面）

5 從袖子下側至脇邊持續縫合（P.55 21 **4**）。

6 縫合紗布。

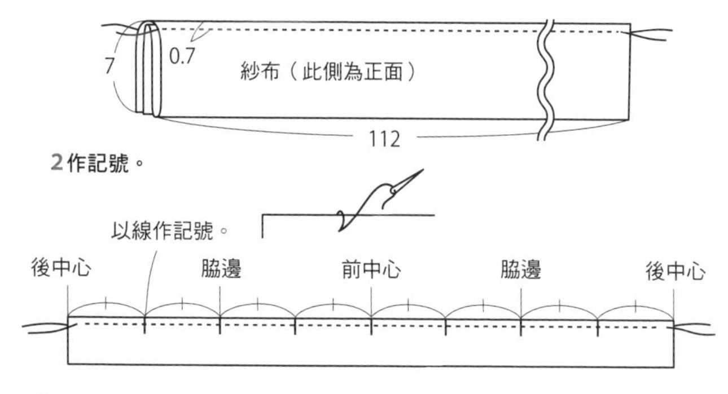
1將紗布如圖所示摺疊＆縫合。
7
0.7
紗布（此側為正面）
112
2作記號。
以線作記號。
後中心
脇邊
前中心
脇邊
後中心

7 製作紗布底布。

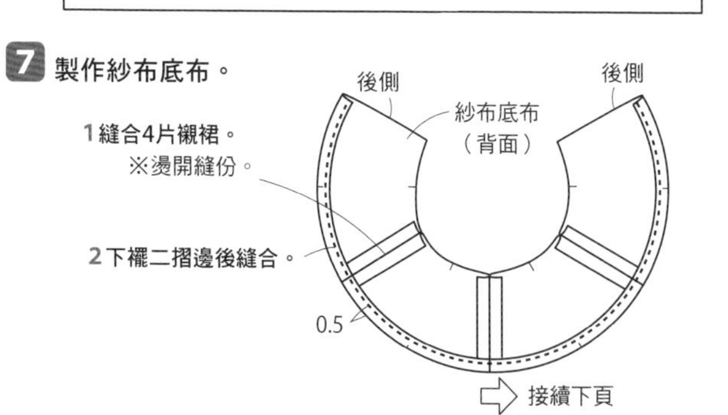
後側
後側
紗布底布（背面）
1縫合4片襯裙。
※燙開縫份。
2下襬二摺邊後縫合。
0.5

接續下頁

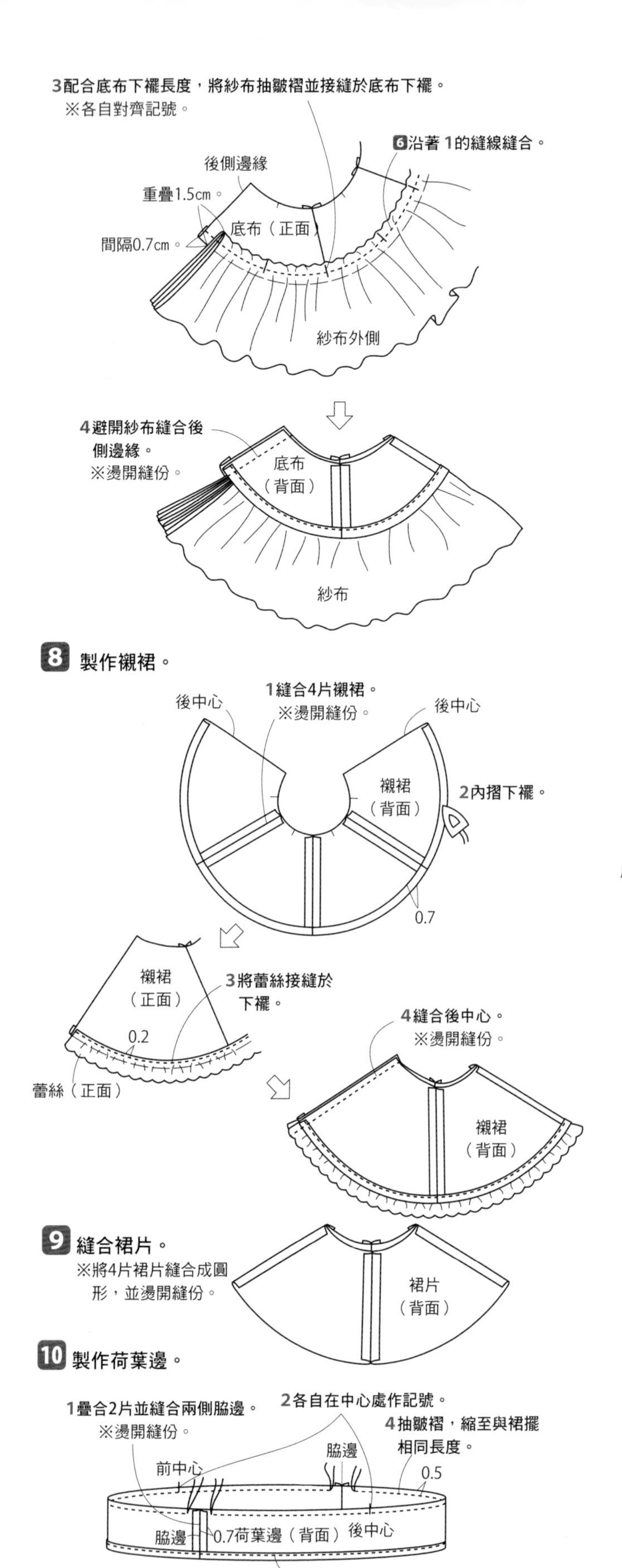
3配合底布下襬長度，將紗布抽皺褶並接縫於底布下襬。
※各自對齊記號。
6沿著1的縫線縫合。
後側邊緣
重疊1.5cm。
底布（正面）
間隔0.7cm。
紗布外側
4避開紗布縫合後側邊緣。
※燙開縫份。
底布（背面）
紗布
8 製作襯裙。
1縫合4片襯裙。
※燙開縫份。
後中心
後中心
襯裙（背面）
2內摺下襬。
0.7
襯裙（正面）
3將蕾絲接縫於下襬。
0.2
蕾絲（正面）
4縫合後中心。
※燙開縫份。
襯裙（背面）
9 縫合裙片。
※將4片裙片縫合成圓形，並燙開縫份。
裙片（背面）
10 製作荷葉邊。
1疊合2片並縫合兩側脇邊。
※燙開縫份。
2各自在中心處作記號。
4抽皺褶，縮至與裙擺相同長度。
前中心
脇邊
0.5
脇邊
0.7荷葉邊（背面）
後中心
3三摺邊後縫合。
0.5
0.5

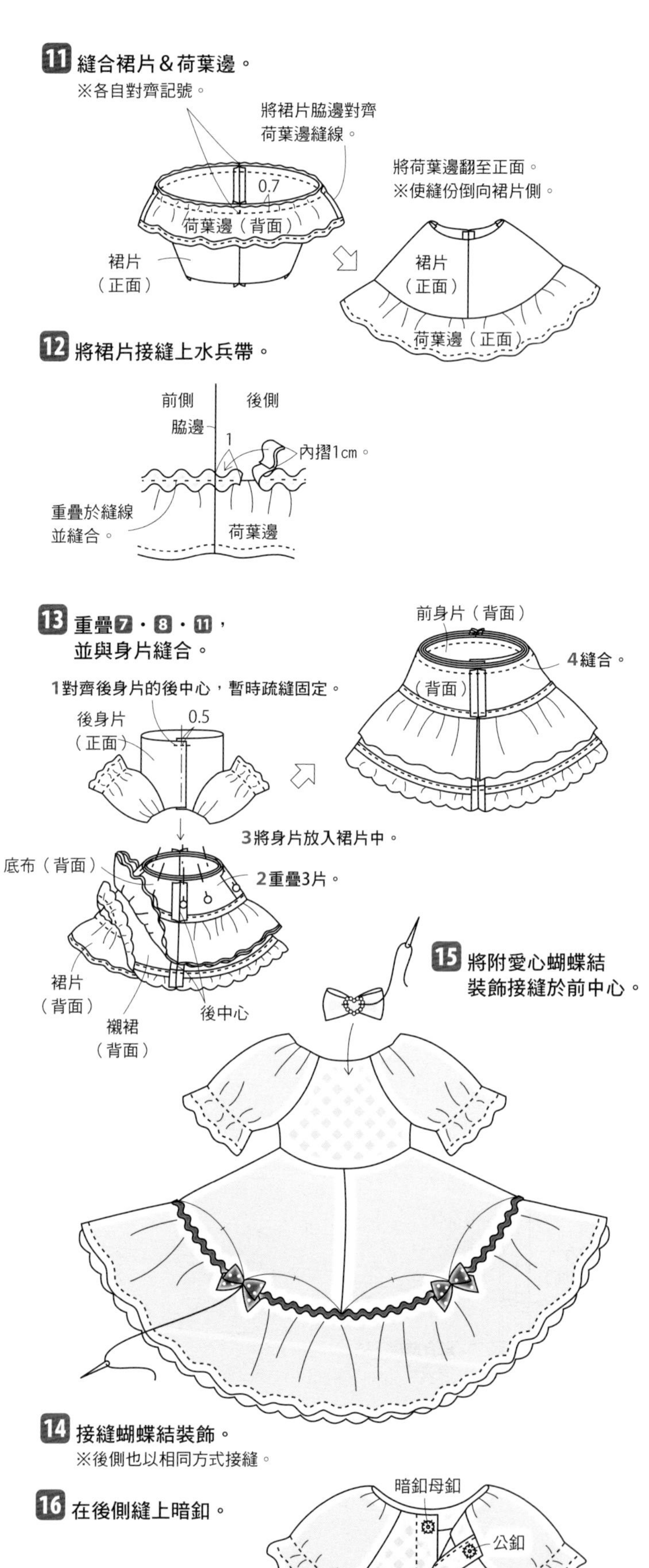
11 縫合裙片＆荷葉邊。
※各自對齊記號。
將裙片脇邊對齊荷葉邊縫線。
將荷葉邊翻至正面。
※使縫份倒向裙片側。
0.7
荷葉邊（背面）
裙片（正面）
裙片（正面）
荷葉邊（正面）
12 將裙片接縫上水兵帶。
前側
後側
脇邊
1
內摺1cm。
重疊於縫線並縫合。
荷葉邊
13 重疊7・8・11，並與身片縫合。
1對齊後身片的後中心，暫時疏縫固定。
後身片（正面）
0.5
前身片（背面）
4縫合。
（背面）
3將身片放入裙片中。
底布（背面）
2重疊3片。
裙片（背面）
襯裙（背面）
後中心
15 將附愛心蝴蝶結裝飾接縫於前中心。
14 接縫蝴蝶結裝飾。
※後側也以相同方式接縫。
16 在後側縫上暗釦。
暗釦母釦
公釦

圍裙作法參見P.76。

E
10,11

襯衫・洋裝

材料

10…花朵印花布 55cm×30cm
鈕釦 直徑0.7cm×3個
暗釦 直徑0.5cm×3組

11…花朵印花布 55cm×30cm
鈕釦 直徑0.7cm×5個
暗釦 直徑0.5cm×5組

10
11

10 襯衫

裁布圖（原寸紙型A面）

花朵印花布

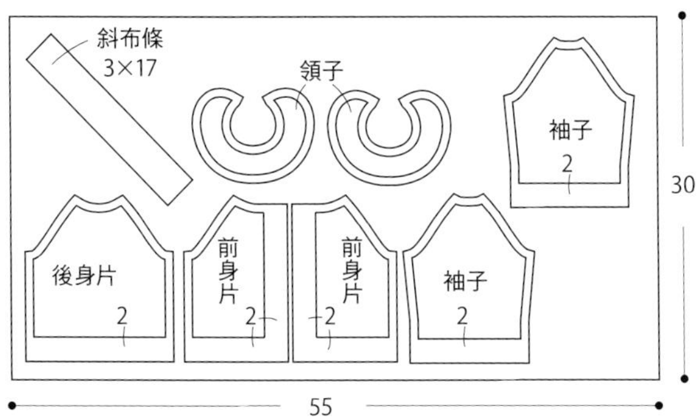
斜布條
3×17
領子
袖子
2
後身片
前身片
2
30
55

※除了特別指定處之外，縫份皆為0.7cm。

1 袖口三摺邊後縫合。

2 將前、後身片與袖子正面相對縫合。
※使縫份倒向袖子側。

3 從袖子下側持續縫合至脇邊。
（P.55 21 4）
※使縫份倒向後側。

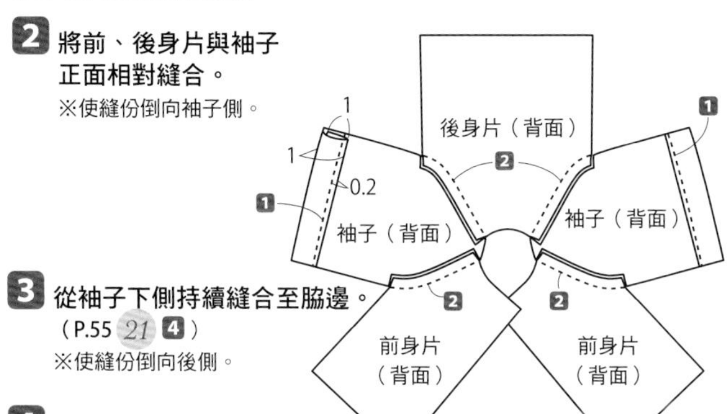
1
1
0.2
後身片（背面）
袖子（背面）
前身片（背面）
2
1

4 摺疊前襟。

5 製作領子。

6 接縫領子。

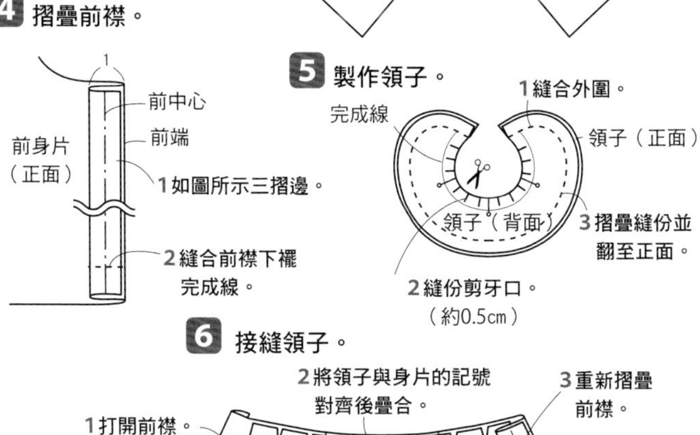
1
前中心
前端
前身片（正面）
1如圖所示三摺邊。
2縫合前襟下襬完成線。
完成線
1縫合外圍。
領子（正面）
領子（背面）
3摺疊縫份並翻至正面。
2縫份剪牙口。（約0.5cm）
2將領子與身片的記號對齊後疊合。
3重新摺疊前襟。
1打開前襟。
前中心
領子（正面）
前身片（正面）
袖子（正面）
後身片（正面）

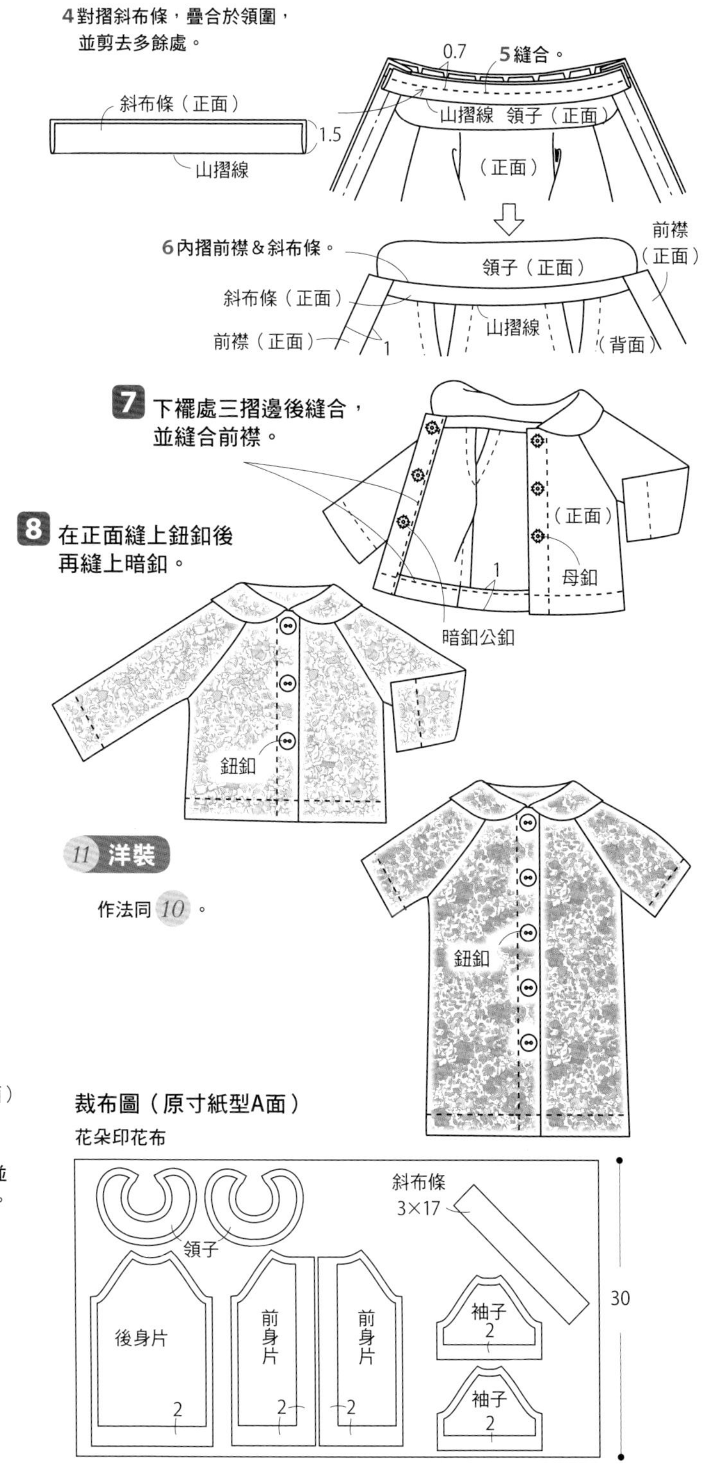
4對摺斜布條，疊合於領圍，並剪去多餘處。
0.7
5縫合。
斜布條（正面）
1.5
山摺線
山摺線 領子（正面）
（正面）
6內摺前襟＆斜布條。
前襟（正面）
領子（正面）
斜布條（正面）
山摺線
前襟（正面）
1
（背面）
7 下襬處三摺邊後縫合，並縫合前襟。
8 在正面縫上鈕釦後再縫上暗釦。
（正面）
1
母釦
暗釦公釦
鈕釦

11 洋裝

作法同 10 。

鈕釦

裁布圖（原寸紙型A面）

花朵印花布

斜布條
3×17
領子
後身片
前身片
袖子
2
30
55

※除了特別指定處之外，縫份皆為0.7cm。

12-p.27・p.28 13-p.22・p.25・p.35 14-p.14・p.16・p.35 15-p.24・p.28 16-p.18・p.22 17-p.15・p.16 18-p.22・p.35

F
12~18

T-shirt・短外套・開襟針織衫

材料

12…針織布 40cm×15cm・暗釦 直徑0.5cm×3組
13・14・15・17・18…針織布 55cm×15cm
暗釦 直徑0.5cm×3組（16・17・18不需要）
16…針織布 40cm×15cm・原色蕾絲 寬1.2cm×25cm

12
13
14
15
16
17
18

裁布圖（原寸紙型A面）

12・16針織布

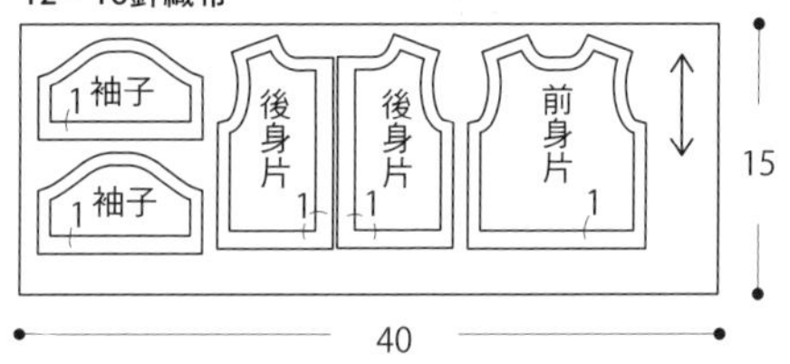
袖子
袖子
後身片
後身片
前身片
1
15
40

13・14・15・17・18針織布 ※領子僅15需要。

領子
袖子
袖子
後身片
後身片
前身片
1
15
55

※除了特別指定處之外，縫份皆為0.7cm。
※16至18的前身片為後側，後身片為前側。

12 T-shirt

1 將肩部正面相對縫合。
※燙開縫份。

後身片
（背面）
前側（正面）

2 袖口二摺邊後縫合。

3 將身片&袖子正面相對縫合。
※使縫份倒向袖子側。

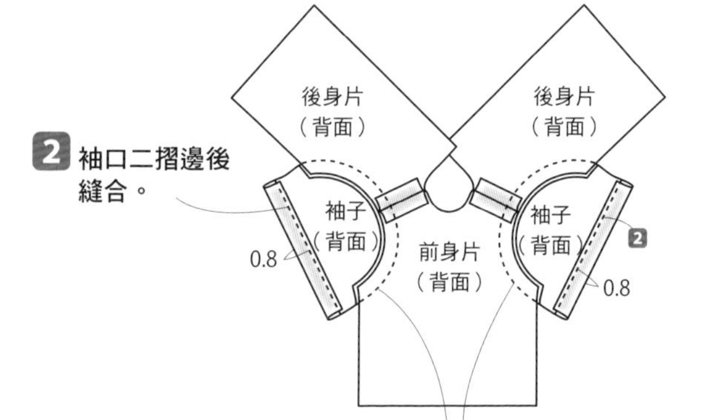
後身片
（背面）
後身片
（背面）
袖子
（背面）
前身片
（背面）
袖子
（背面）
0.8
2
0.8

4 從袖子下側至脇邊持續縫合。
※燙開縫份。

5 縫合後側邊緣領圍&下襬的完成線。

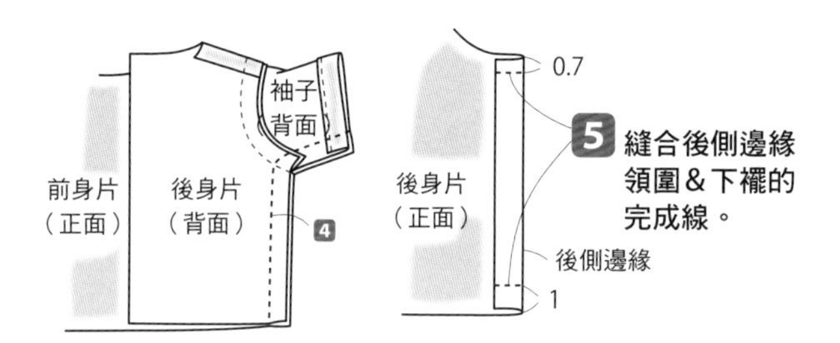
袖子
背面
前身片
（正面）
後身片
（背面）
4
後身片
（正面）
0.7
後側邊緣
1

6 翻至正面，依領圍→下襬→後側邊緣的順序各自二摺邊後縫合。

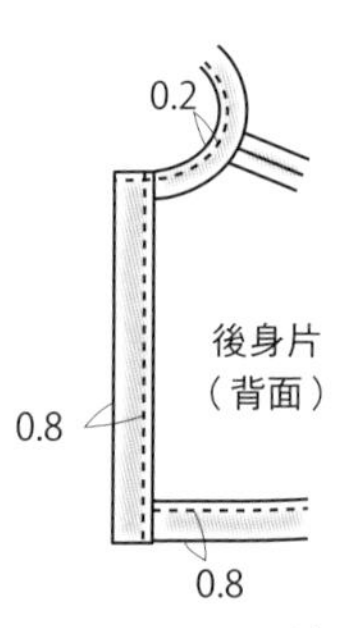
0.2
後身片
（背面）
0.8
0.8

7 縫上暗釦。

前
後側
暗釦母釦
公釦

13 14 T-shirt

作法同 12 。

前側

15 T-shirt

1 P.52 12 **1**至**4**。

2 製作領子。

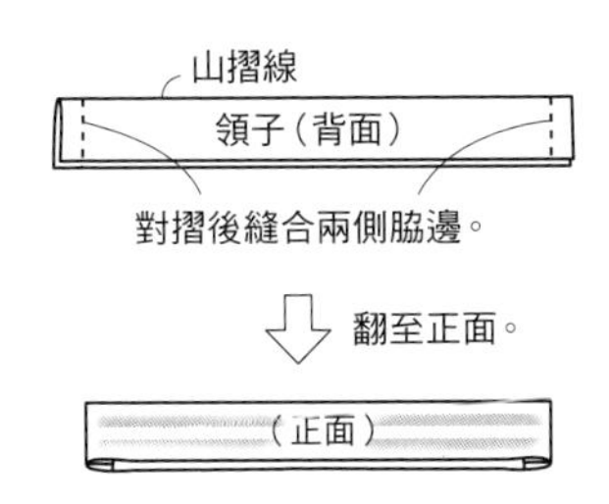

山摺線
領子（背面）
對摺後縫合兩側脇邊。
翻至正面。
（正面）

3 接縫領子。

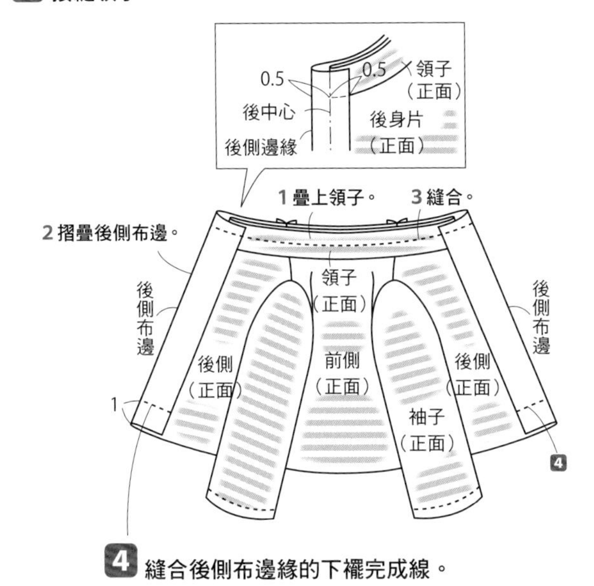

0.5
0.5
領子（正面）
後中心
後身片（正面）
後側邊緣
1疊上領子。
3縫合。
2摺疊後側布邊。
後側布邊
領子（正面）
後側布邊
後側（正面）
前側（正面）
後側（正面）
1
袖子（正面）
4

4 縫合後側布邊緣的下襬完成線。

5 翻至正面，依領圍→下襬→後側邊緣的順序各自二摺邊後縫合（P.52 12 **6**）。

6 縫上暗釦。

暗釦母釦
後側
公釦
前側

16 短外套

1 作法同P.52 12 **1**至**6**。

2 在下襬接縫蕾絲。

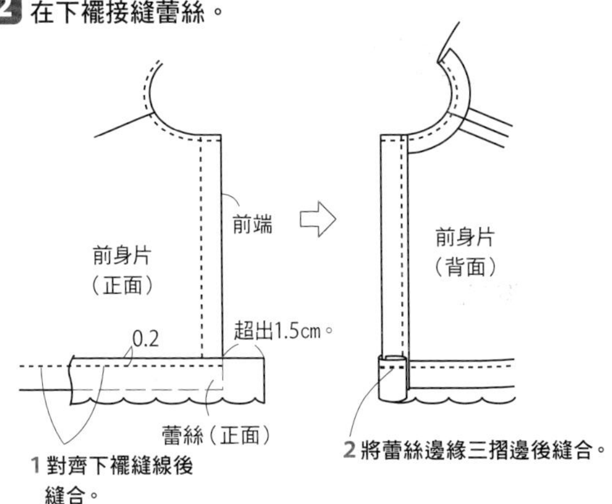

前端
前身片（正面）
前身片（背面）
超出1.5cm。
0.2
蕾絲（正面）
1對齊下襬縫線後縫合。
2將蕾絲邊緣三摺邊後縫合。

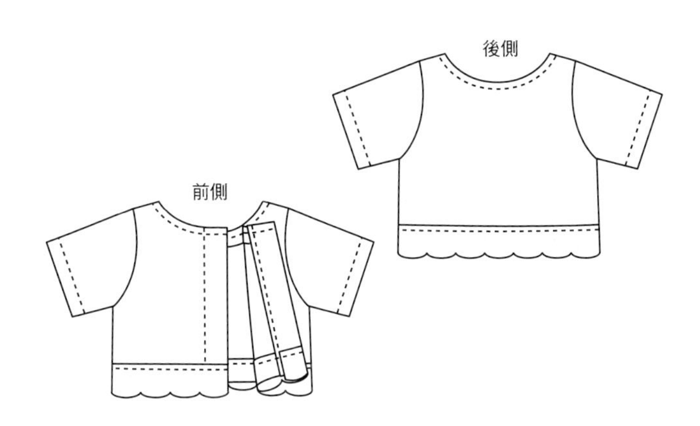

後側
前側

17 18 開襟針織衫

作法同P.52 12 **1**至**6**。

後側
前側

※若想將 16 至 18 當成T-shirt般穿著時，同 12 作法縫上暗釦即可。

G
19,20

T-shirt

材料

19…灰色針織布 40cm×15cm・花朵印花布 15cm×15cm
暗釦 直徑0.5cm×2組

20…灰色針織布 25cm×20cm・黑色針織布 30cm×15cm
暗釦 直徑0.5cm×2組

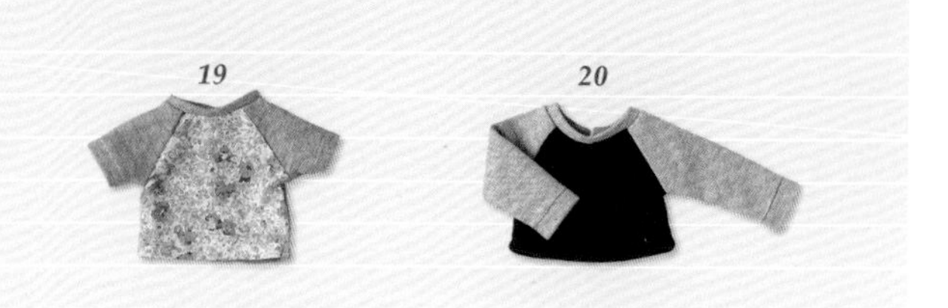
19
20

19 T-shirt

裁布圖（原寸紙型A面）

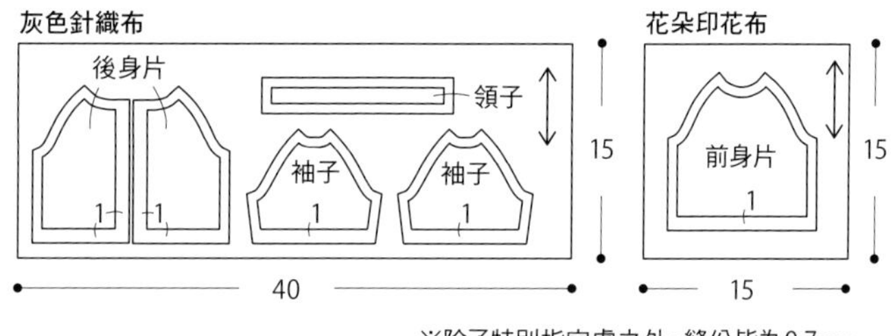
灰色針織布
後身片
領子
袖子
袖子
1
15
40
花朵印花布
前身片
15
15

※除了特別指定處之外，縫份皆為0.7cm。

1 袖口二摺邊後縫合。

2 將前後身片與袖子縫合。
※使縫份倒向袖子側。

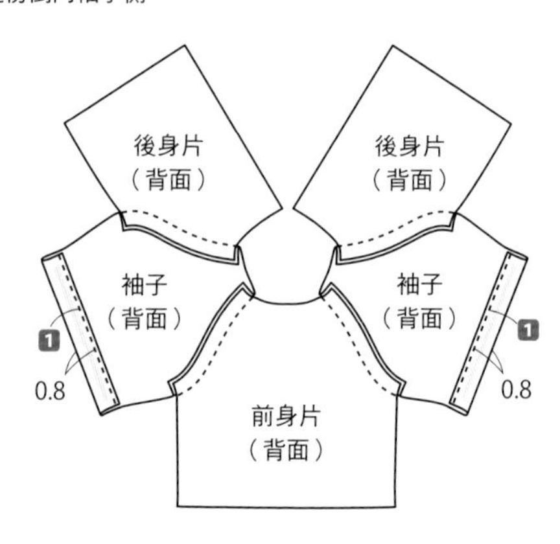
後身片
（背面）
後身片
（背面）
袖子
（背面）
袖子
（背面）
1
0.8
前身片
（背面）

3 從袖子下側至脇邊持續縫合（P.55 21 4）。

4 製作領子（P.53 15 2）。

5 接縫領子。

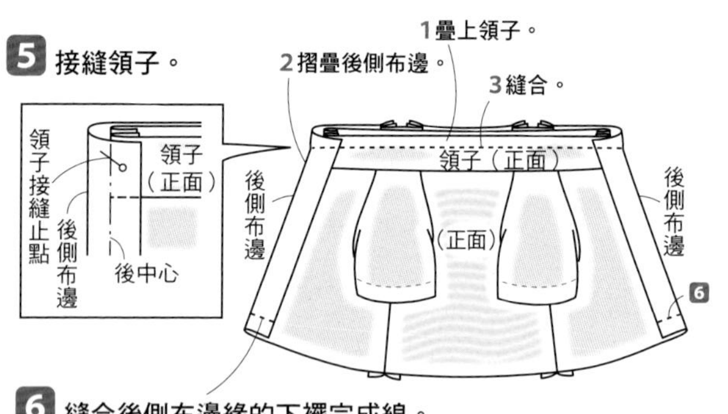
1疊上領子。
2摺疊後側布邊。
3縫合。
領子接縫止點
後側布邊
領子（正面）
後中心
後側布邊
領子（正面）
（正面）
後側布邊
6

6 縫合後側布邊緣的下襬完成線。

7 翻至正面。

8 依下襬→後側邊緣的順序二摺邊後縫合。

9 在後側縫上暗釦。

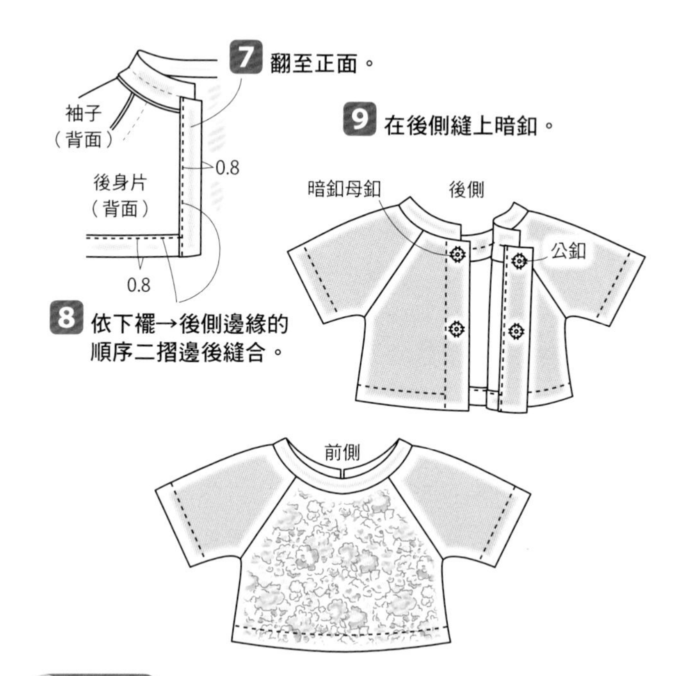
袖子
（背面）
後身片
（背面）
0.8
0.8
暗釦母釦
後側
公釦
前側

20 T-shirt

裁布圖（原寸紙型A面）

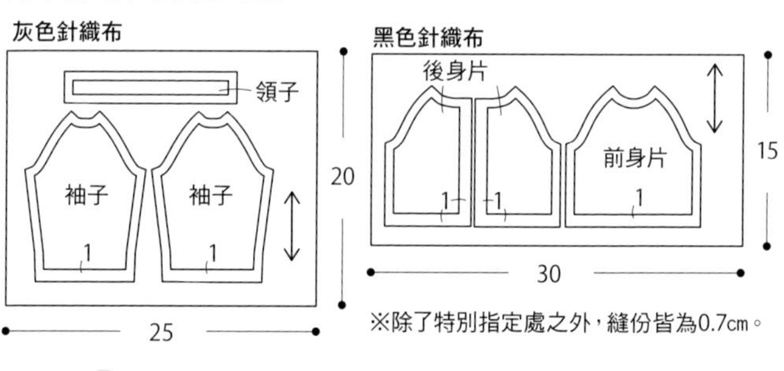
灰色針織布
領子
袖子
袖子
1
20
25
黑色針織布
後身片
前身片
1
15
30

※除了特別指定處之外，縫份皆為0.7cm。

作法同 19。

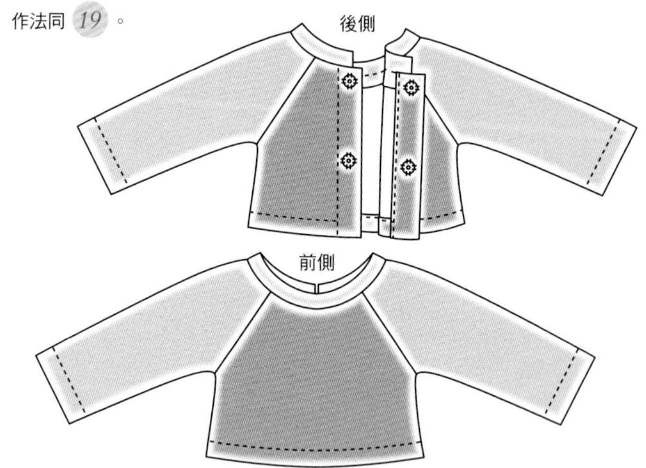
後側
前側

H 21,22,23

T-shirt

材料

21…深粉紅色針織布 35cm×15cm・粉紅色針織布 30cm×15cm
格子布・雙面膠襯 各10cm×5cm
蝴蝶結裝飾・珍珠 直徑0.3cm×各1個・暗釦 直徑0.5cm×3組
22…深藍色針織布 45cm×20cm・深藍色蕾絲布 15cm×15cm
暗釦 直徑0.5cm×3組
23…深藍色針織布 45cm×20cm・橫條紋針織布 20cm×10cm
暗釦 直徑0.5cm×3組

21
22
23

21 T-shirt

裁布圖（原寸紙型A面）

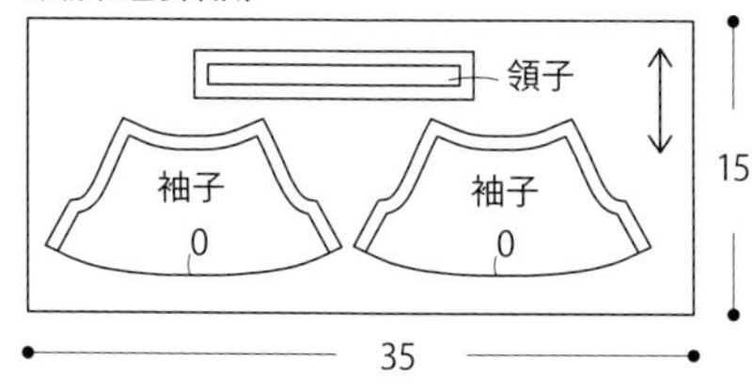
深粉紅色針織布
領子
袖子
0
袖子
0
15
35

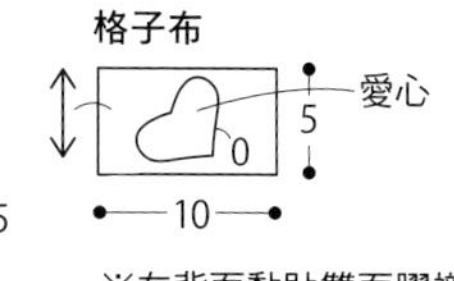
格子布
愛心
5
0
10

※在背面黏貼雙面膠襯後再裁剪。（P.40 2）

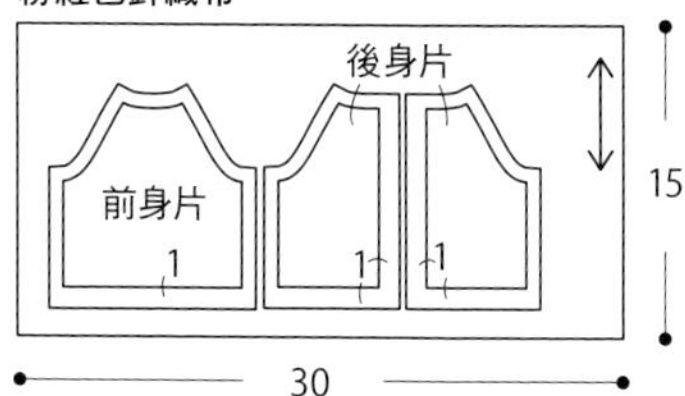
粉紅色針織布
後身片
前身片
1
1
1
15
30

※除了特別指定處之外，縫份皆為0.7cm。

1 燙貼愛心（P.40 01 2）。

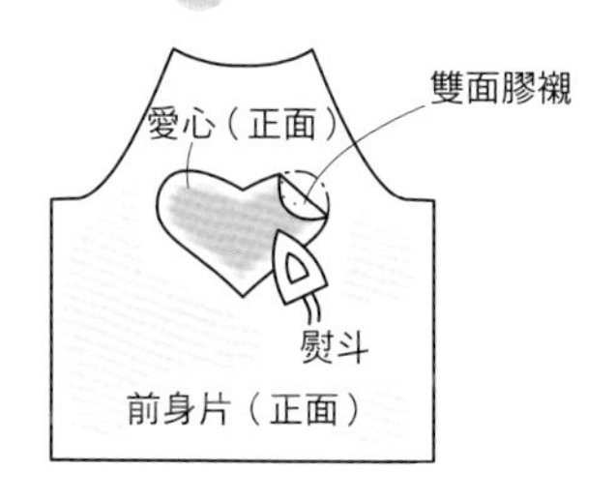
雙面膠襯
愛心（正面）
熨斗
前身片（正面）

2 對齊&縫合身片與袖子。
※使縫份倒向袖側。

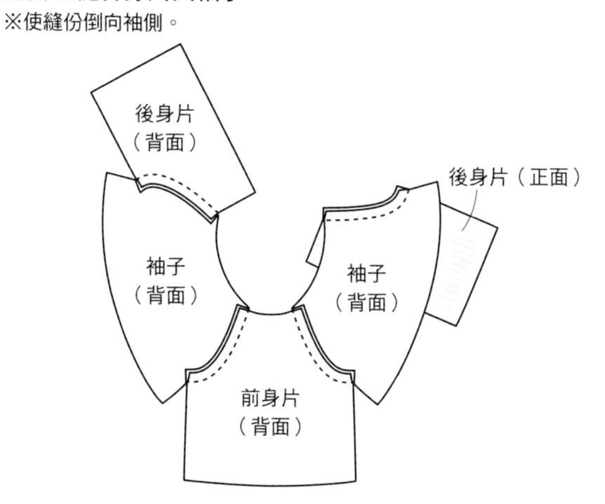
後身片
（背面）
後身片（正面）
袖子
（背面）
袖子
（背面）
前身片
（背面）

3 將袖子抽皺褶。（P.44）

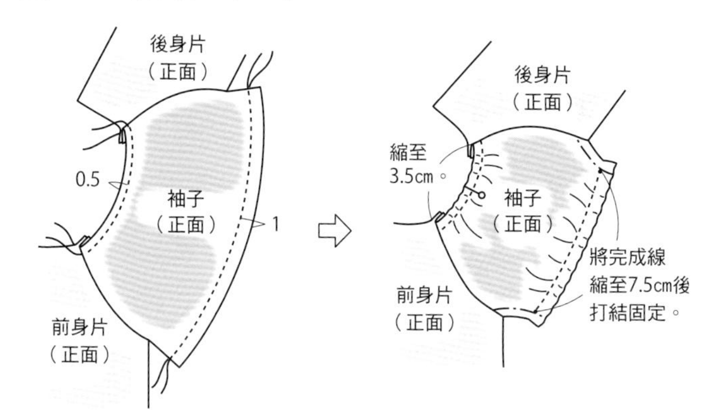
後身片
（正面）
0.5
袖子
（正面）
1
前身片
（正面）
後身片
（正面）
縮至
3.5cm。
袖子
（正面）
前身片
（正面）
將完成線
縮至7.5cm後
打結固定。

4 從袖子下側持續縫合至脇邊。
※燙開縫份。

袖子
（背面）
前身片
（背面）

5 同P.54 19 4至8。

6 在後側縫上暗釦。

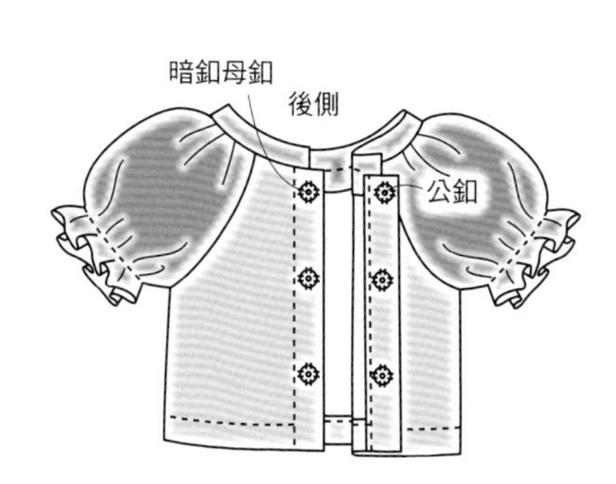
暗釦母釦
後側
公釦

7 在前側縫上蝴蝶結裝飾&珍珠。

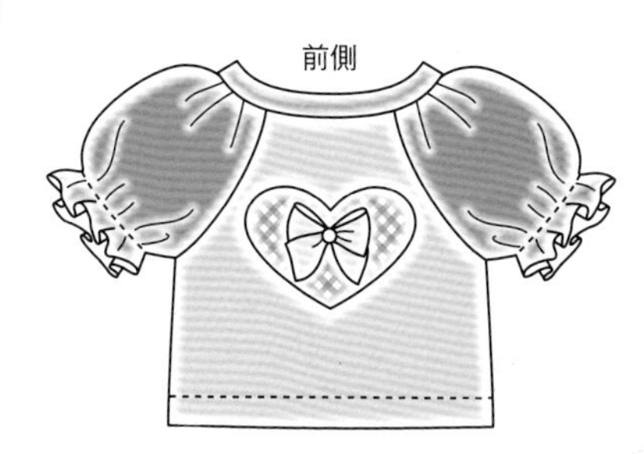
前側

22 T-shirt

裁布圖（原寸紙型A面）

針織布

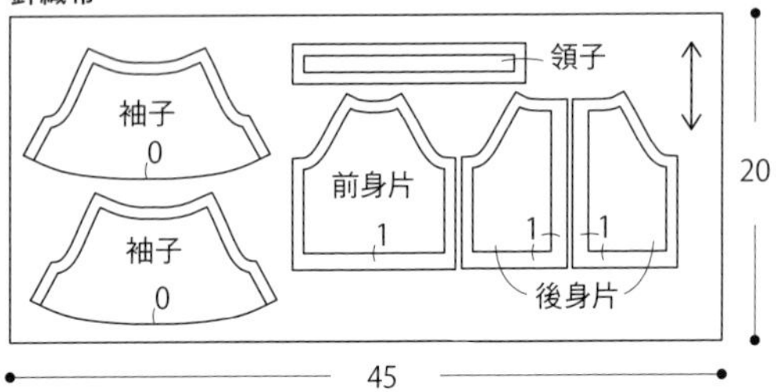

袖子
0
袖子
0
領子
前身片
1
1
1
後身片
20
45

蕾絲布

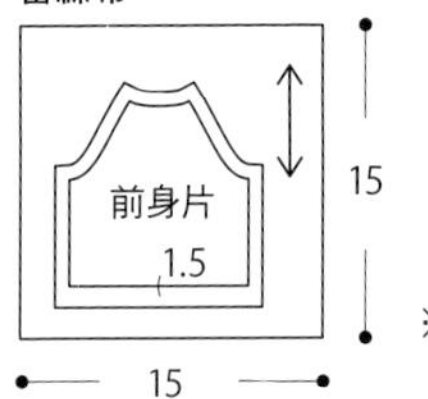

前身片
1.5
15
15

※除了特別指定處之外，縫份皆為0.7cm。

1 將蕾絲布疊合於前身片的針織布上，進行疏縫。

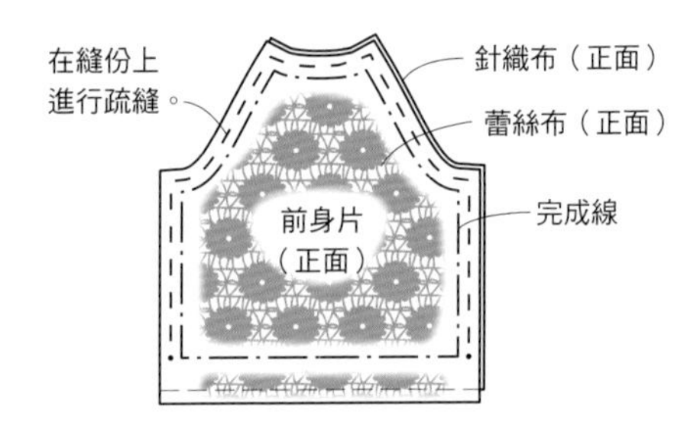

在縫份上
進行疏縫。
針織布（正面）
蕾絲布（正面）
完成線
前身片
（正面）

2 之後作法同P.55 21 **2**至**6**。

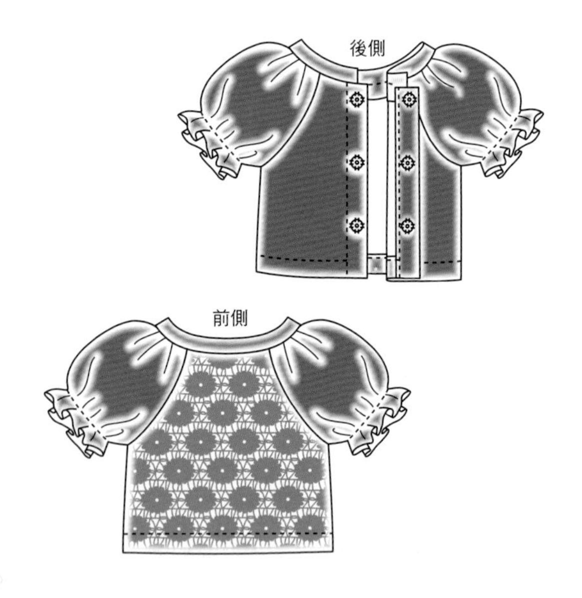

後側
前側

23 T-shirt

裁布圖（原寸紙型A面）

深藍色針織布

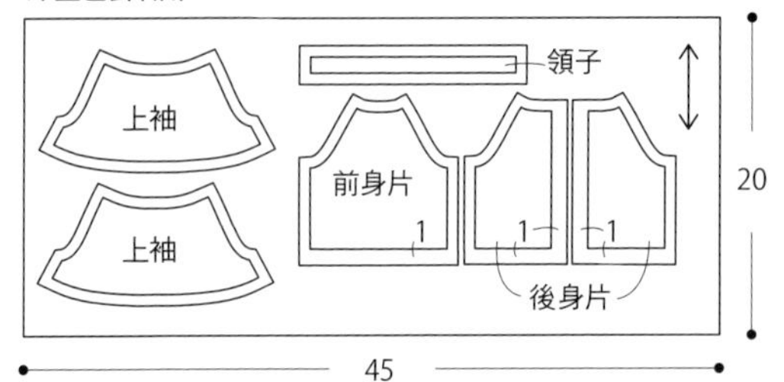

上袖
上袖
領子
前身片
1
1
1
後身片
20
45

橫條紋針織布

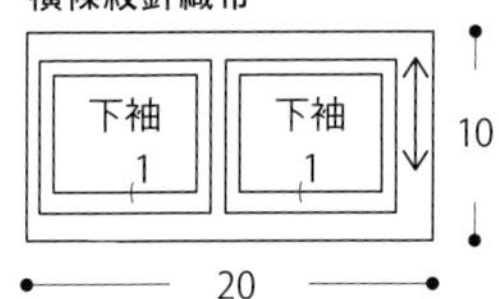

下袖
1
下袖
1
10
20

※除了特別指定處之外，縫份皆為0.7cm。

1 縫合身片＆袖子（P.55 21 **2**）。

2 將上袖抽皺褶（P.44）。

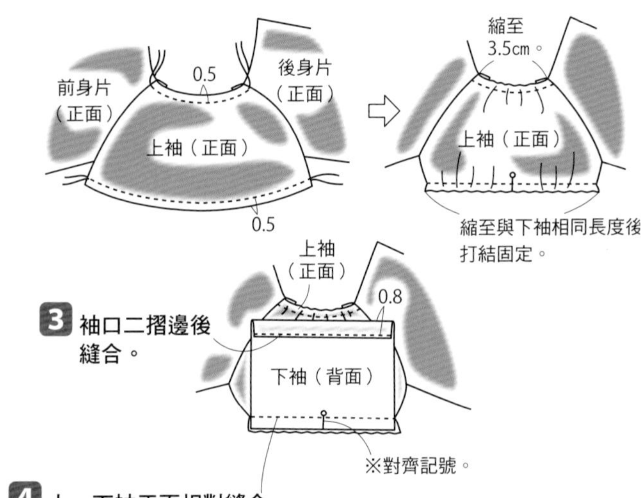

0.5
前身片
（正面）
後身片
（正面）
上袖（正面）
0.5
縮至
3.5cm。
上袖（正面）
縮至與下袖相同長度後
打結固定。

3 袖口二摺邊後縫合。

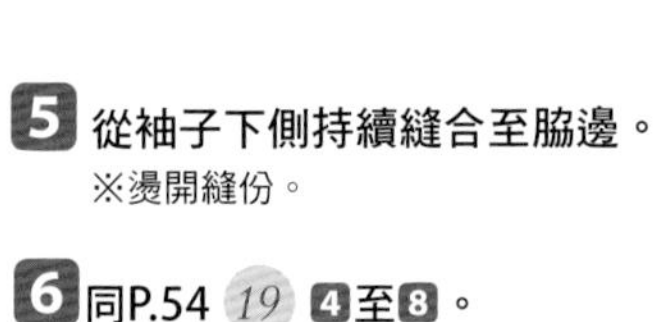

上袖
（正面）
0.8
下袖（背面）
※對齊記號。

4 上、下袖正面相對縫合。
※使縫份倒向上袖側。

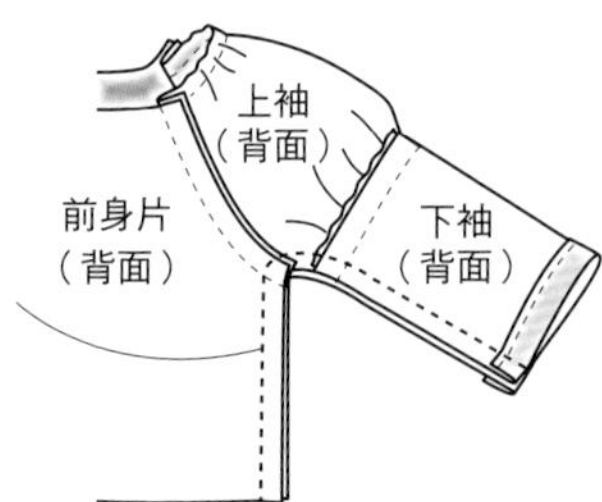

上袖
（背面）
前身片
（背面）
下袖
（背面）

5 從袖子下側持續縫合至脇邊。
※燙開縫份。

6 同P.54 19 **4**至**8**。

7 在後側接縫上暗釦（P.55 21 **6**）。

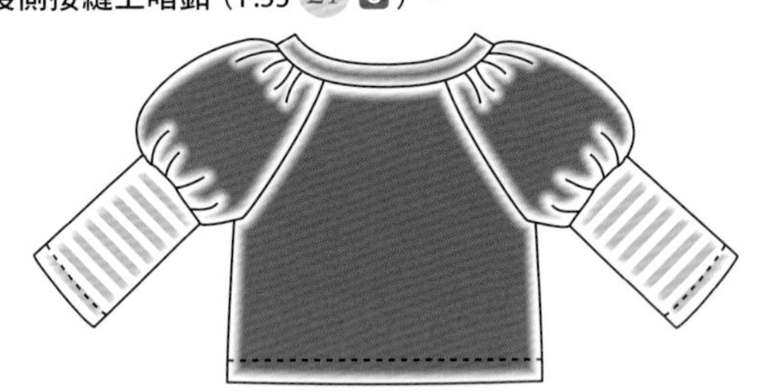

9
24

裙子

材料
藍色素色布 35cm×30cm
格子布 25cm×25cm
鈕釦 直徑1cm×2個
暗釦 直徑0.5cm×2組

24

裁布圖（原寸紙型A面）

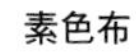

素色布

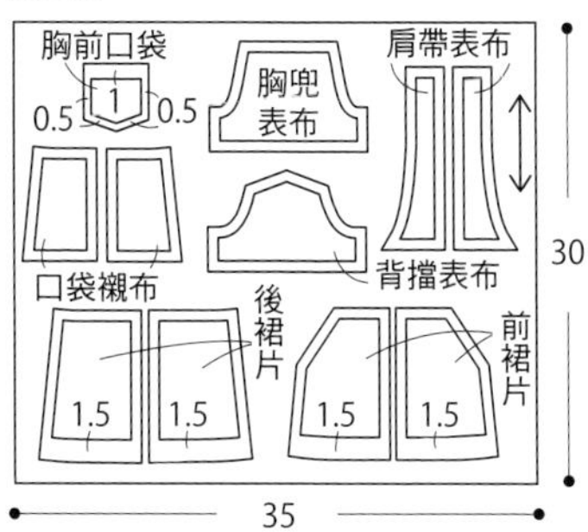

胸前口袋
0.5
1
0.5
胸兜
表布
肩帶表布
口袋襯布
背擋表布
後
裙
片
前
裙
片
1.5
1.5
1.5
1.5
30
35

格子布

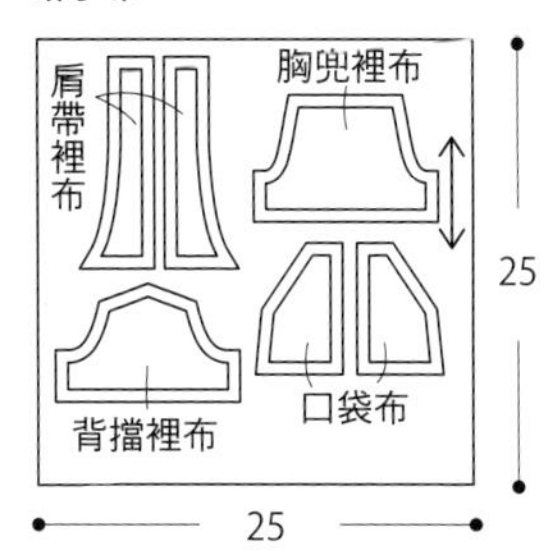

肩
帶
裡
布
胸兜裡布
背擋裡布
口袋布
25
25

※除了特別指定處之外，縫份皆為0.7cm。

1 製作肩帶。

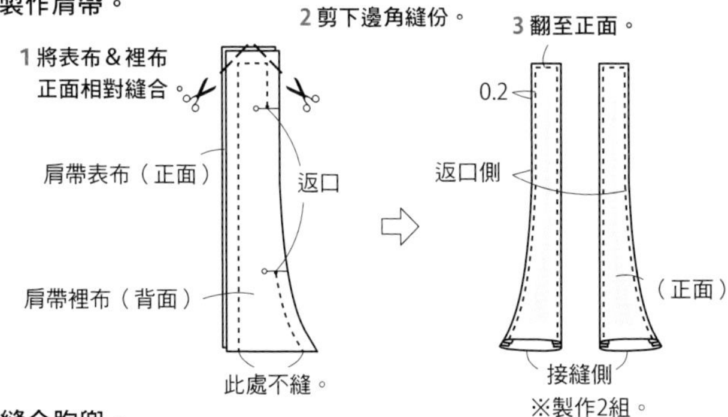

1 將表布＆裡布
正面相對縫合。
2 剪下邊角縫份。
3 翻至正面。
肩帶表布（正面）
返口
肩帶裡布（背面）
此處不縫。
0.2
返口側
（正面）
接縫側
※製作2組。

2 縫合胸兜。

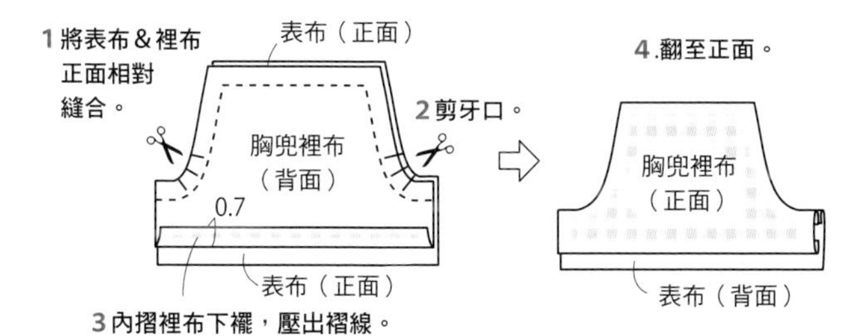

1 將表布＆裡布
正面相對
縫合。
表布（正面）
胸兜裡布
（背面）
2 剪牙口。
0.7
表布（正面）
3 內摺裡布下襬，壓出摺線。
4.翻至正面。
胸兜裡布
（正面）
表布（背面）

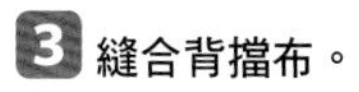

3 縫合背擋布。

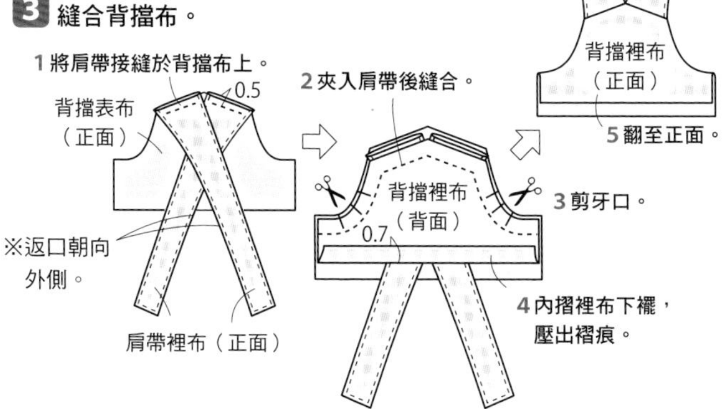

1 將肩帶接縫於背擋布上。
背擋表布
（正面）
0.5
※返口朝向
外側。
肩帶裡布（正面）
2 夾入肩帶後縫合。
背擋裡布
（背面）
0.7
3 剪牙口。
4 內摺裡布下襬，
壓出摺痕。
背擋裡布
（正面）
5 翻至正面。

4 縫合胸兜布＆背擋布脇邊。

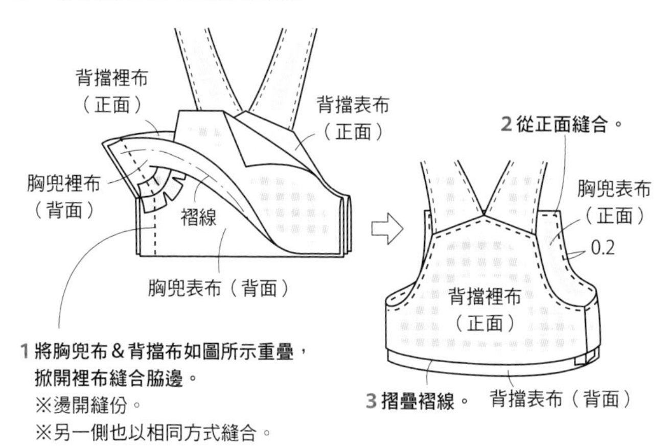

背擋裡布
（正面）
背擋表布
（正面）
胸兜裡布
（背面）
褶線
胸兜表布（背面）
1 將胸兜布＆背擋布如圖所示重疊，
掀開裡布縫合脇邊。
※燙開縫份。
※另一側也以相同方式縫合。
2 從正面縫合。
胸兜表布
（正面）
0.2
背擋裡布
（正面）
3 摺疊褶線。
背擋表布（背面）

5 在前裙片上接縫口袋。

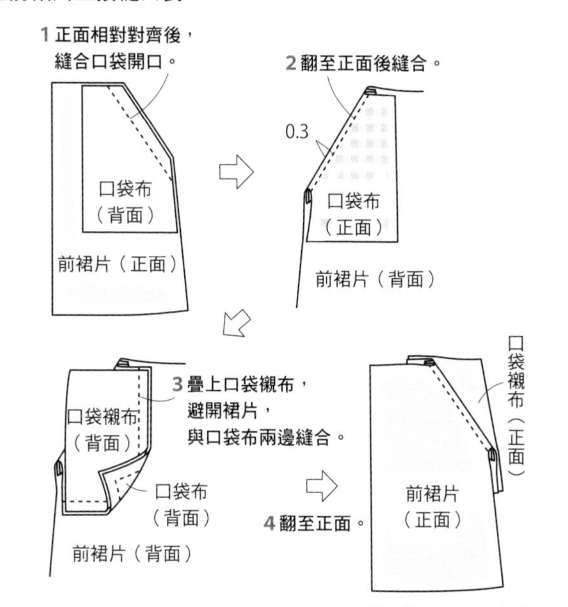

1 正面相對對齊後，
縫合口袋開口。
口袋布
（背面）
前裙片（正面）
2 翻至正面後縫合。
0.3
口袋布
（正面）
前裙片（背面）
3 疊上口袋襯布，
避開裙片，
與口袋布兩邊縫合。
口袋襯布
（背面）
口袋布
（背面）
前裙片（背面）
4 翻至正面。
口袋襯布（正面）
前裙片
（正面）

※另一邊也以相同方式縫合。

6 縫合裙片脇邊。

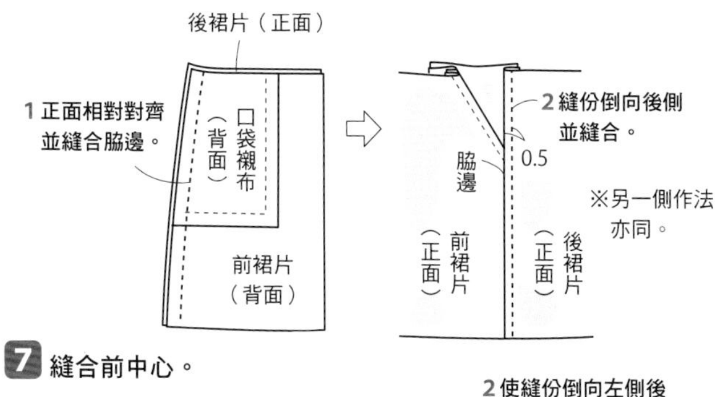

後裙片（正面）
1 正面相對對齊
並縫合脇邊。
口袋襯布（背面）
前裙片
（背面）
2 縫份倒向後側
並縫合。
0.5
脇邊
前裙片（正面）
後裙片（正面）
※另一側作法
亦同。

7 縫合前中心。

後裙片（背面）
口袋襯布（背面）
1 將兩組正面
相對對齊
＆縫合。
前裙片（背面）

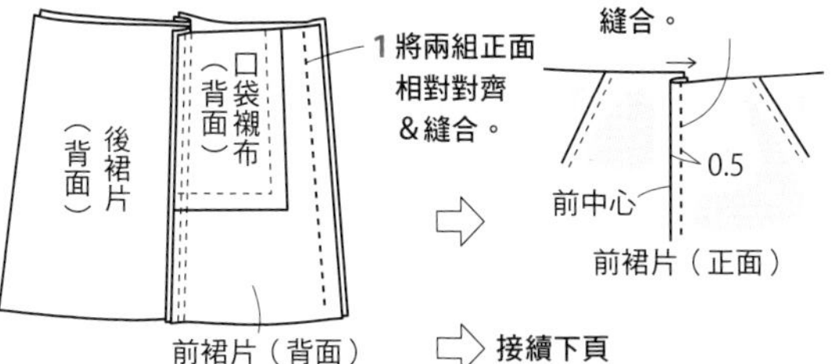

2 使縫份倒向左側後
縫合。
0.5
前中心
前裙片（正面）

接續下頁

8 縫合後中心。
※使縫份倒向右側。

9 從正面縫合。
※使兩片縫份倒向同一側。

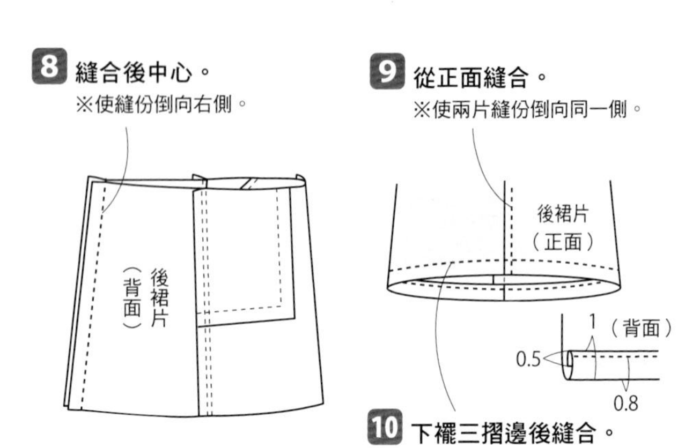

後裙片
（背面）
後裙片
（正面）
1（背面）
0.5
0.8

10 下襬三摺邊後縫合。

11 4與裙片對齊後縫合。

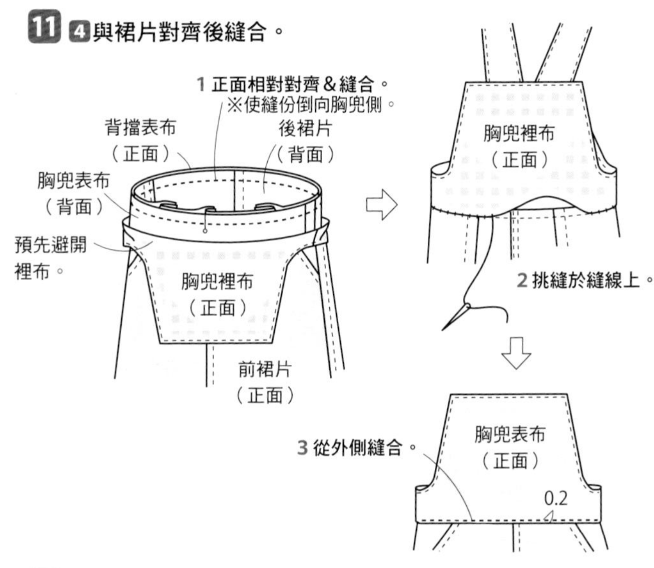

1 正面相對對齊＆縫合。
※使縫份倒向胸兜側。
背擋表布
（正面）
後裙片
（背面）
胸兜表布
（背面）
預先避開
裡布。
胸兜裡布
（正面）
前裙片
（正面）
胸兜裡布
（正面）
2 挑縫於縫線上。
胸兜表布
（正面）
3 從外側縫合。
0.2

12 接縫胸前口袋。

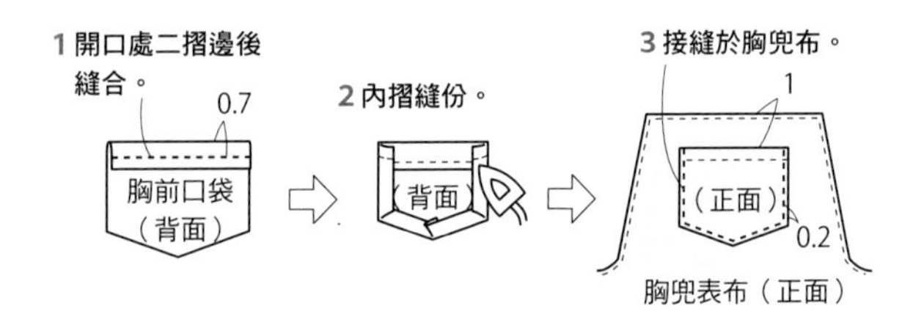

1 開口處二摺邊後
縫合。
0.7
胸前口袋
（背面）
2 內摺縫份。
（背面）
3 接縫於胸兜布。
1
（正面）
0.2
胸兜表布（正面）

13 縫上鈕釦後再縫上暗釦。

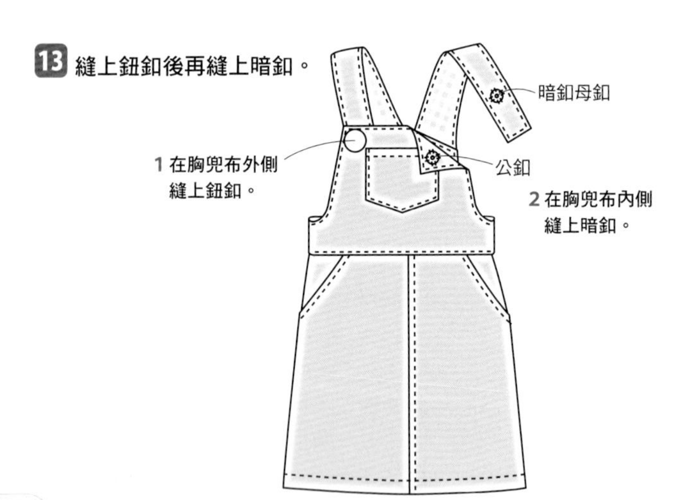

暗釦母釦
1 在胸兜布外側
縫上鈕釦。
公釦
2 在胸兜布內側
縫上暗釦。

J
25

p.21・p.35

褲子

材料
深藍色學生布 35cm×25cm
格子布 15cm×10cm
麻織帶 寬1cm×40cm
暗釦 直徑0.5cm×2組

25

裁布圖（原寸紙型A面）

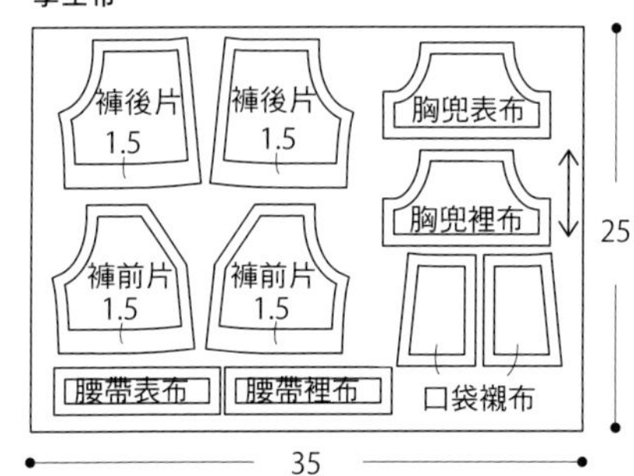

學生布
褲後片
1.5
褲後片
1.5
胸兜表布
胸兜裡布
褲前片
1.5
褲前片
1.5
腰帶表布
腰帶裡布
口袋襯布
25
35

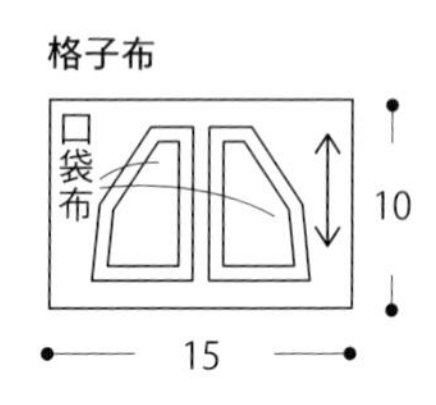

格子布
口袋布
10
15

※除了特別指定處之外，縫份皆為0.7cm。

1 在褲前片接縫口袋（P.57 24 5）。

2 縫合褲子脇邊（P.57 24 6）。

3 下襬三摺邊，壓出摺線。

4 正面相對對齊後，縫合股上。
※使縫份倒向左側。

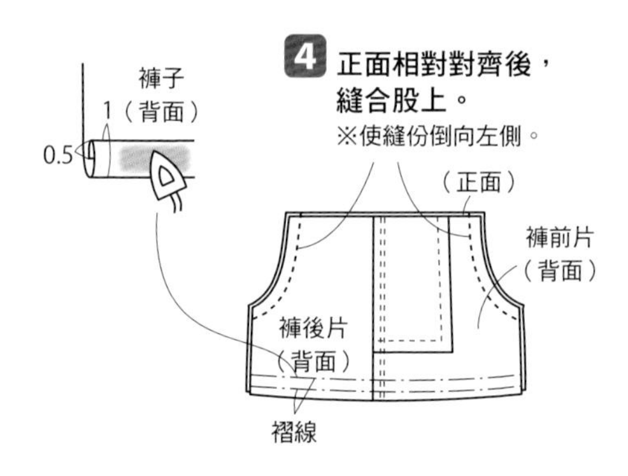

褲子
1（背面）
0.5
（正面）
褲前片
（背面）
褲後片
（背面）
摺線

5 縫合股下。
※使縫份倒向前片。

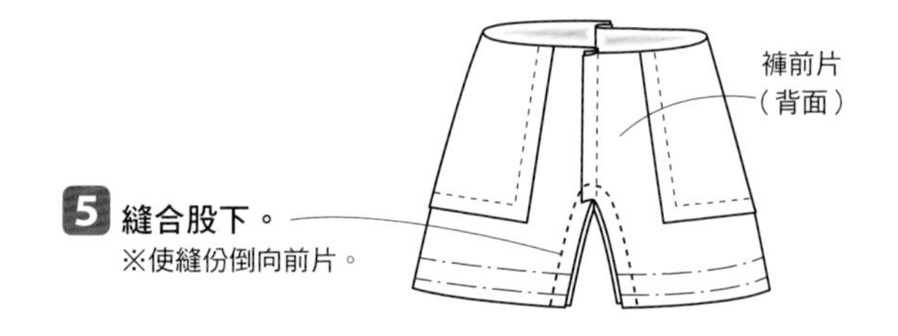

褲前片
（背面）

6 下襬三摺邊後縫合。

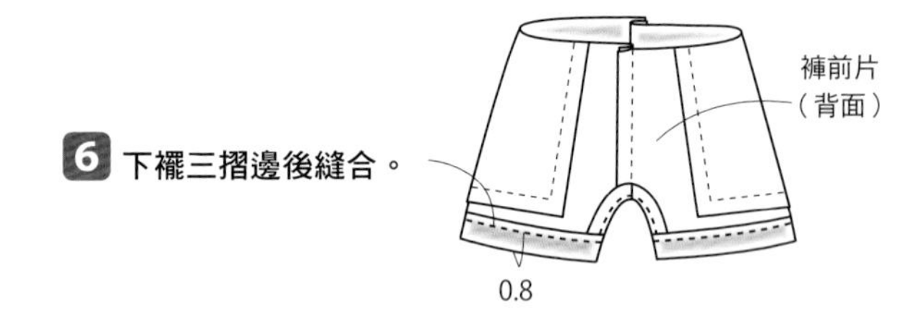

褲前片
（背面）
0.8

7 縫合胸兜布。

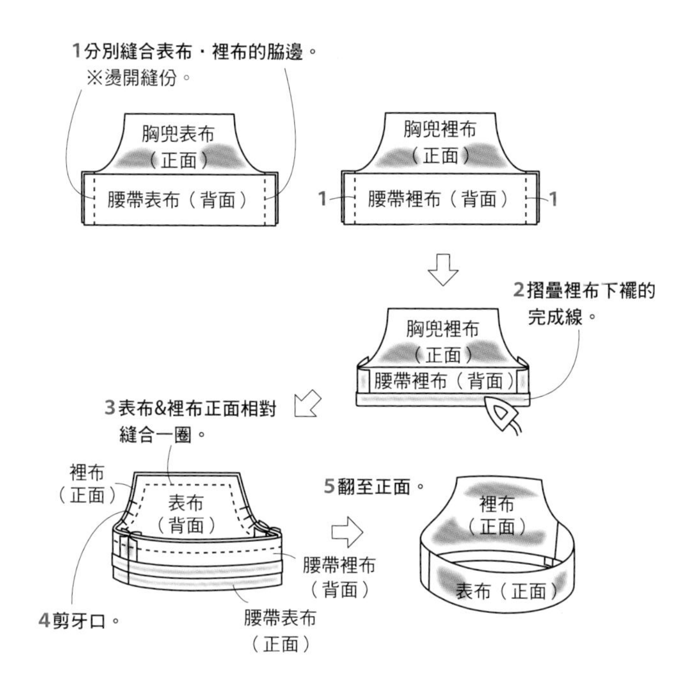
1分別縫合表布・裡布的脇邊。
※燙開縫份。
胸兜表布
(正面)
腰帶表布(背面)
胸兜裡布
(正面)
1
腰帶裡布(背面)
1
2摺疊裡布下襬的
完成線。
胸兜裡布
(正面)
腰帶裡布(背面)
3表布&裡布正面相對
縫合一圈。
裡布
(正面)
表布
(背面)
5翻至正面。
裡布
(正面)
腰帶裡布
(背面)
表布(正面)
4剪牙口。
腰帶表布
(正面)

8 將7與褲子對齊縫合(P.58 24 11)。

9 將麻織帶接縫於後中心。

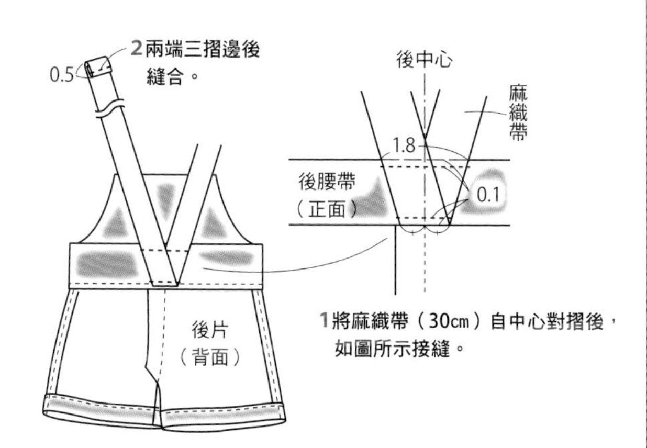
0.5
2兩端三摺邊後
縫合。
後中心
麻
織
帶
1.8
後腰帶
(正面)
0.1
後片
(背面)
1將麻織帶(30cm)自中心對摺後,
如圖所示接縫。

10 在胸兜布&織帶上縫上暗釦。

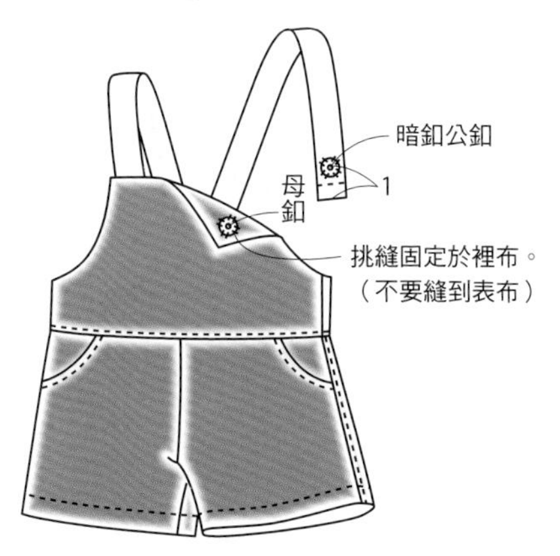
暗釦公釦
母
釦
1
挑縫固定於裡布。
(不要縫到表布)

K
26

裙子

26

材料

針織紗布 寬112cm×15cm
原色針織布 30cm×10cm
素色布 15cm×20cm
暗釦 直徑0.5cm×1組

裁布圖

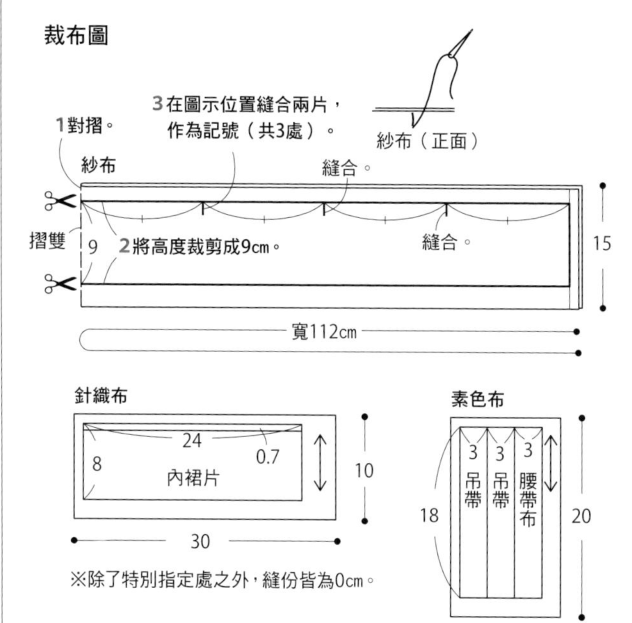
3在圖示位置縫合兩片,
作為記號(共3處)。
1對摺。
紗布(正面)
紗布
縫合。
摺雙
9
2將高度裁剪成9cm。
縫合。
15
寬112cm
針織布
24
0.7
8
內裙片
10
30
素色布
3
吊帶
3
吊帶
3
腰帶布
18
20
15

※除了特別指定處之外,縫份皆為0cm。

1 縫製吊帶。

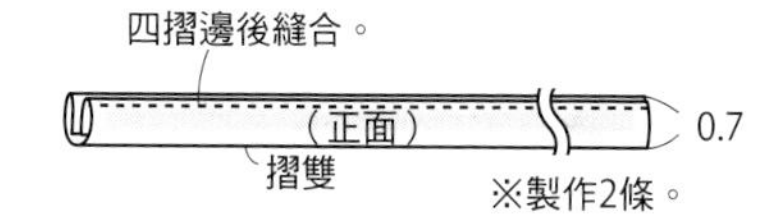
四摺邊後縫合。
(正面)
0.7
摺雙
※製作2條。

2 將紗布&裙片抽皺褶。

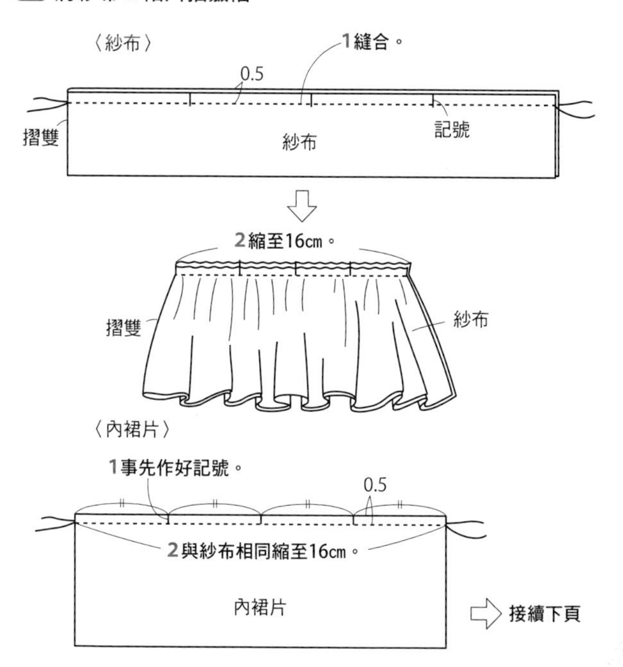
〈紗布〉
1縫合。
0.5
摺雙
紗布
記號
2縮至16cm。
摺雙
紗布
〈內裙片〉
1事先作好記號。
0.5
2與紗布相同縮至16cm。
內裙片

接續下頁

3 接縫腰帶布。

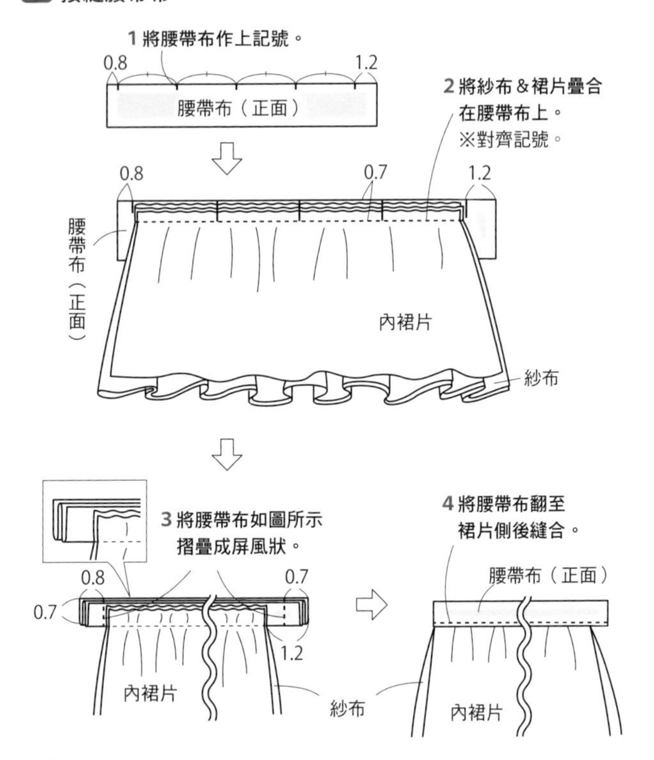

1 將腰帶布作上記號。
0.8
1.2
腰帶布（正面）
2 將紗布＆裙片疊合
在腰帶布上。
※對齊記號。
0.8
0.7
1.2
腰帶布（正面）
內裙片
紗布
3 將腰帶布如圖所示
摺疊成屏風狀。
4 將腰帶布翻至
裙片側後縫合。
0.8
0.7
0.7
1.2
腰帶布（正面）
內裙片
紗布
內裙片

4 接縫吊帶。

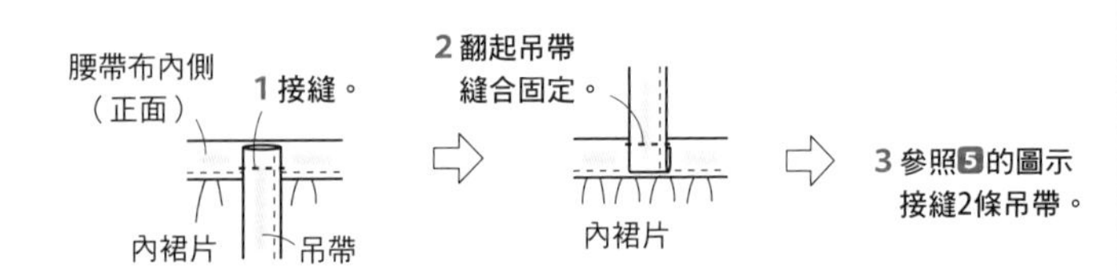

腰帶布內側
（正面）
1 接縫。
內裙片
吊帶
2 翻起吊帶
縫合固定。
內裙片
3 參照5的圖示
接縫2條吊帶。

5 在腰帶布上縫上暗釦。

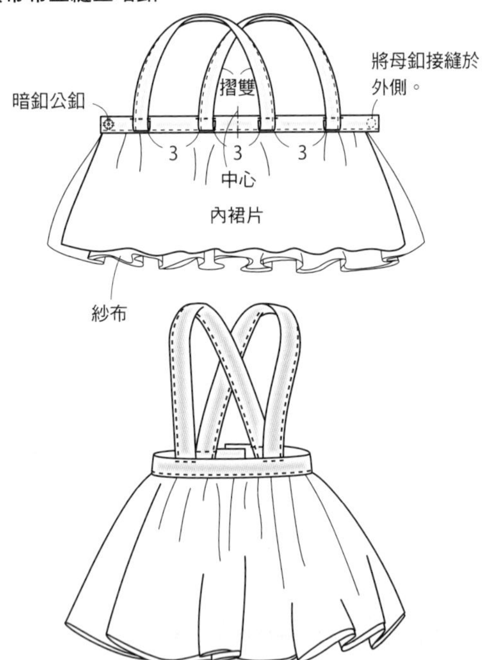

暗釦公釦
摺雙
將母釦接縫於
外側。
3
3
3
中心
內裙片
紗布

p.27・p.35

L
27
27

裙子

材料
格子布 35cm×25cm
鬆緊帶 寬0.6cm×20cm

裁布圖（原寸紙型B面）

格子布

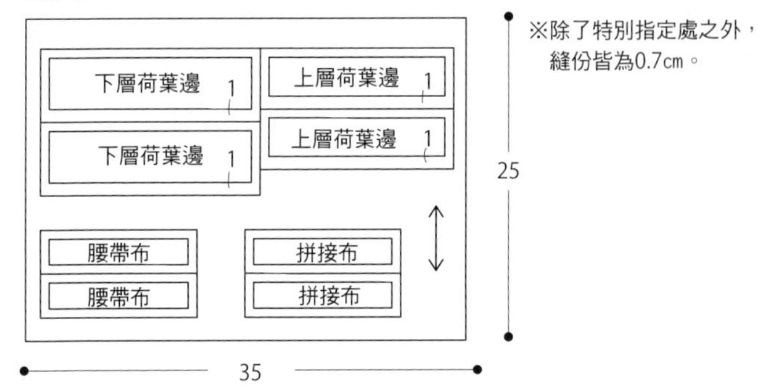

下層荷葉邊 1
上層荷葉邊 1
下層荷葉邊 1
上層荷葉邊 1
腰帶布
拼接布
腰帶布
拼接布
25
35

※除了特別指定處之外，
縫份皆為0.7cm。

1 將拼接布正面相對對齊後，縫合脇邊。
※燙開縫份。

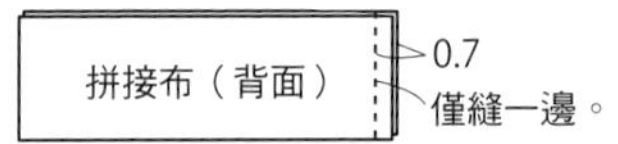

拼接布（背面）
0.7
僅縫一邊。

2 縫合荷葉邊。

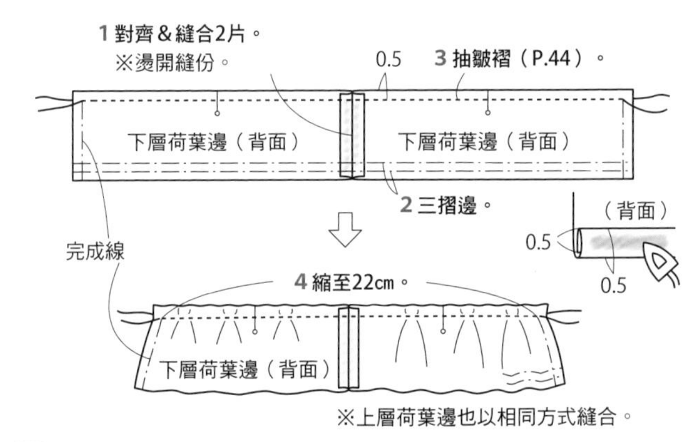

1 對齊＆縫合2片。
※燙開縫份。
0.5
3 抽皺褶（P.44）。
下層荷葉邊（背面）
下層荷葉邊（背面）
2 三摺邊。
（背面）
0.5
0.5
完成線
4 縮至22cm。
下層荷葉邊（背面）

※上層荷葉邊也以相同方式縫合。

3 將1和下層荷葉邊正面相對對齊縫合。

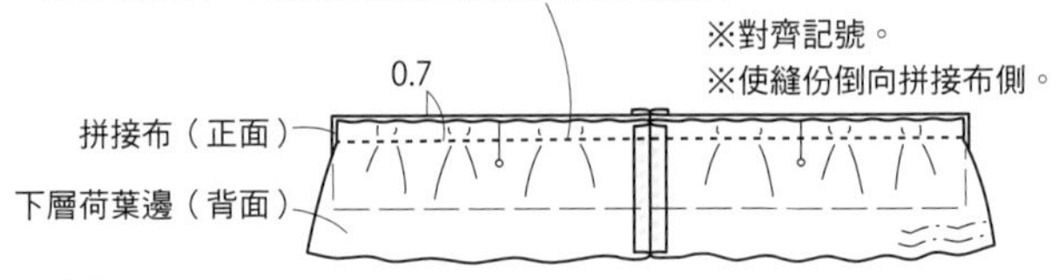

※對齊記號。
※使縫份倒向拼接布側。
0.7
拼接布（正面）
下層荷葉邊（背面）

4 縫合脇邊。
※燙開縫份。

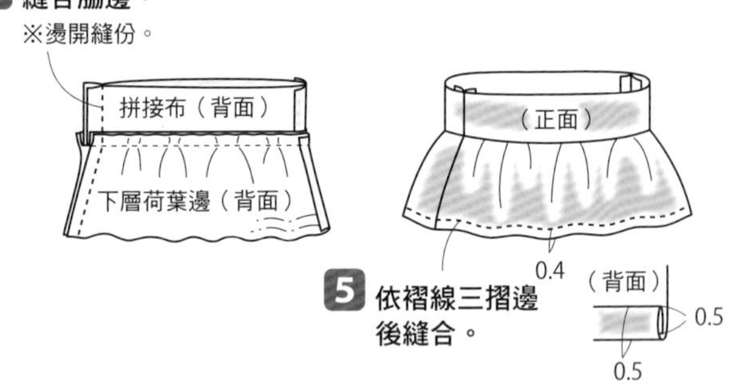

拼接布（背面）
下層荷葉邊（背面）
（正面）
0.4
（背面）
0.5
0.5

5 依褶線三摺邊後縫合。

6 將上層荷葉邊縫合成環狀。
※燙開縫份。

7 下襬和下層相同，三摺邊後縫合。

8 將上層荷葉邊重疊於拼接布上。
※對齊記號・兩脇邊。

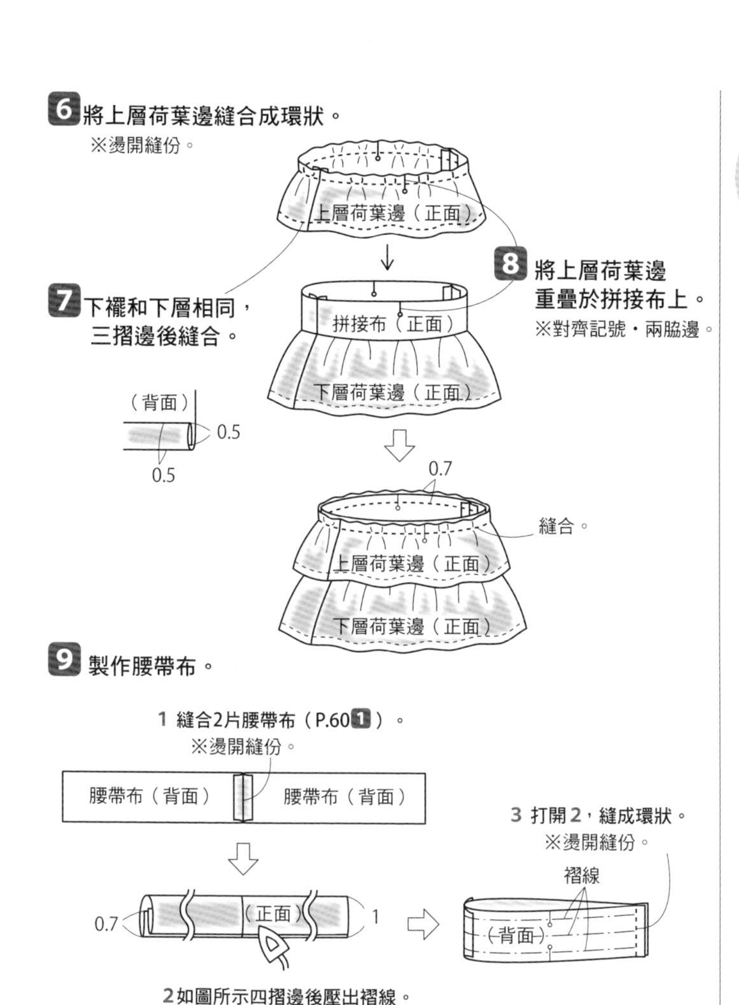

上層荷葉邊（正面）
拼接布（正面）
下層荷葉邊（正面）
（背面）
0.5
0.5
0.7
縫合。
上層荷葉邊（正面）
下層荷葉邊（正面）

9 製作腰帶布。

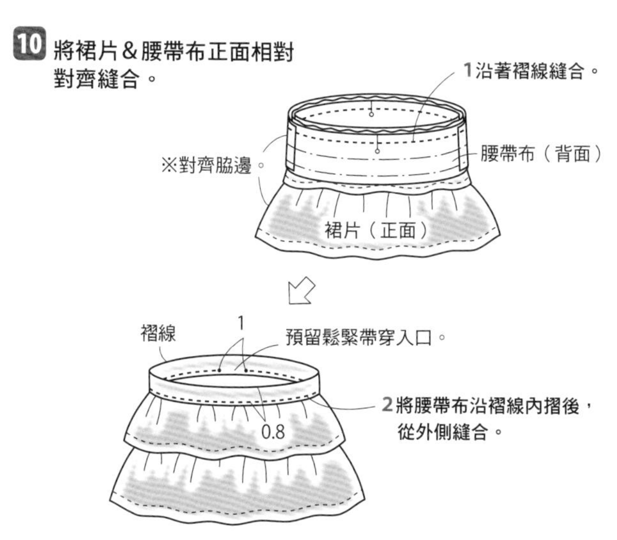

1 縫合2片腰帶布（P.60 1）。
※燙開縫份。
腰帶布（背面）
腰帶布（背面）
3 打開2，縫成環狀。
※燙開縫份。
摺線
0.7
（正面）
1
（背面）
2如圖所示四摺邊後壓出摺線。

10 將裙片＆腰帶布正面相對對齊縫合。

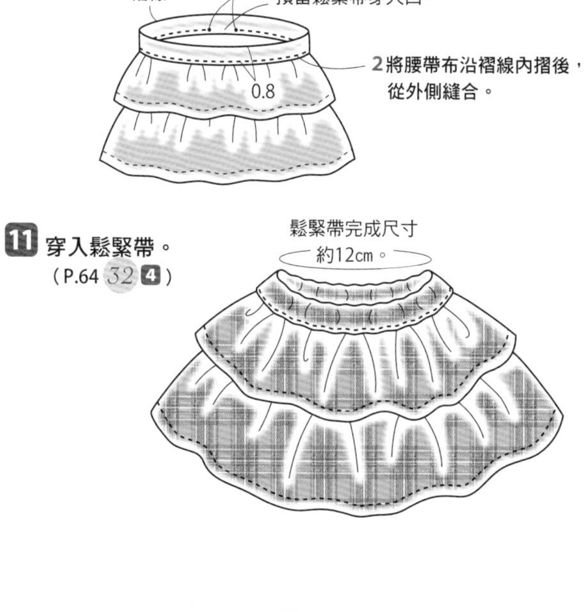

1沿著摺線縫合。
※對齊脇邊。
腰帶布（背面）
裙片（正面）
摺線
1
預留鬆緊帶穿入口。
2將腰帶布沿摺線內摺後，
從外側縫合。
0.8

11 穿入鬆緊帶。
（P.64 32 4）

鬆緊帶完成尺寸
約12cm。

28-p.14・p.16　29-p.16・p.26

M
28,29

裙子

材料

28…丹寧風針織布 45cm×20cm
花朵印花布 30cm×10cm
麻織帶 寬0.8cm×40cm
鈕釦 直徑0.7cm×2個

29…印花布 55cm×20cm
紗布 寬188cm×14cm
羅紋緞帶 寬0.9cm×40cm
鬆緊帶 寬0.6cm×20cm

28

29

28 裙片

裁布圖（原寸紙型B面）

丹寧風針織布

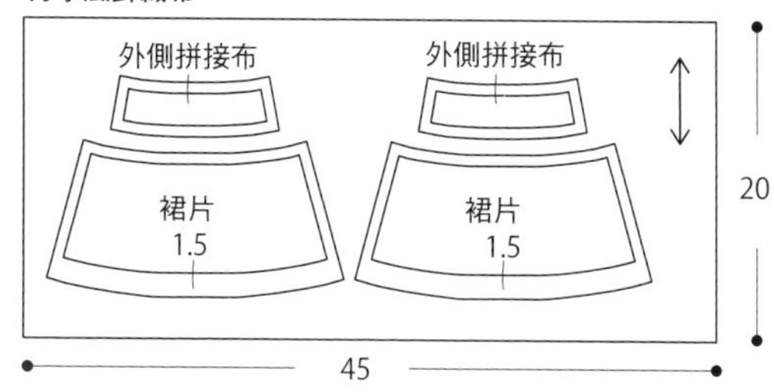

外側拼接布
外側拼接布
裙片
1.5
裙片
1.5
20
45

花朵印花布

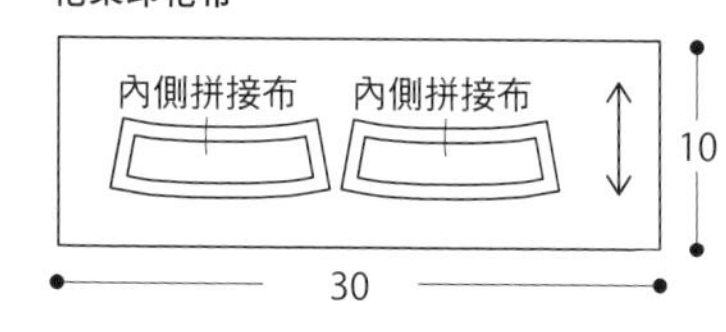

內側拼接布
內側拼接布
10
30

※除了特別指定處之外，
縫份皆為0.7cm。

1 將裙襬三摺邊後，以熨斗熨壓出摺線。

2 抽皺褶，縮至與拼接布同寬（P.44）。

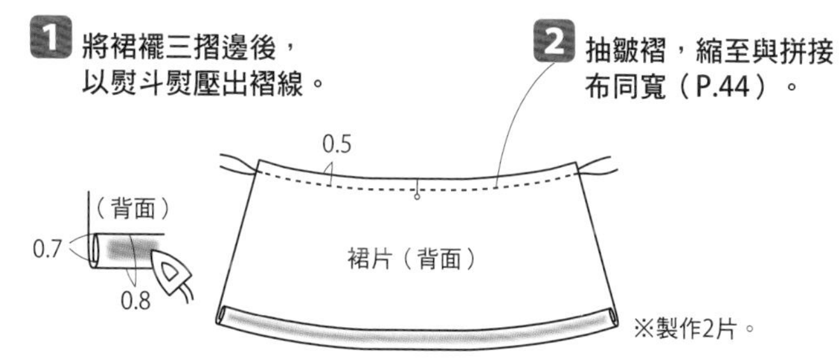

0.5
（背面）
0.7
0.8
裙片（背面）
※製作2片。

3 將裙片和拼接布正面相對對齊縫合。

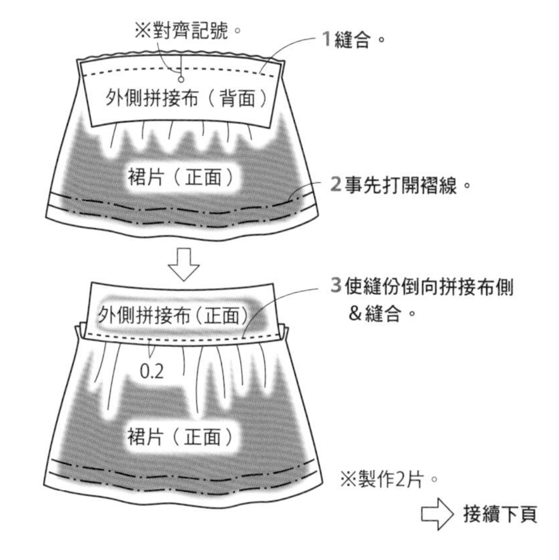

※對齊記號。
1縫合。
外側拼接布（背面）
裙片（正面）
2事先打開摺線。
3使縫份倒向拼接布側
＆縫合。
外側拼接布（正面）
0.2
裙片（正面）
※製作2片。

接續下頁

4 將**3**和內側拼接布正面相對對齊縫合。

※燙開縫份。

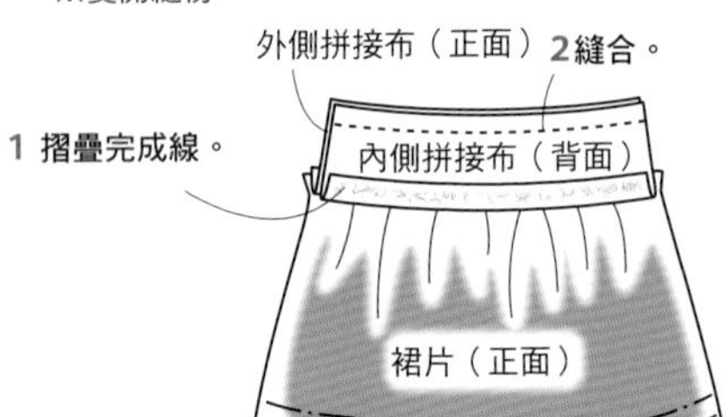

外側拼接布（正面）2縫合。
1 摺疊完成線。
內側拼接布（背面）
裙片（正面）

※製作2片。

5 將**4**的兩片正面相對對齊後，縫合兩側脇邊。

※燙開縫份。

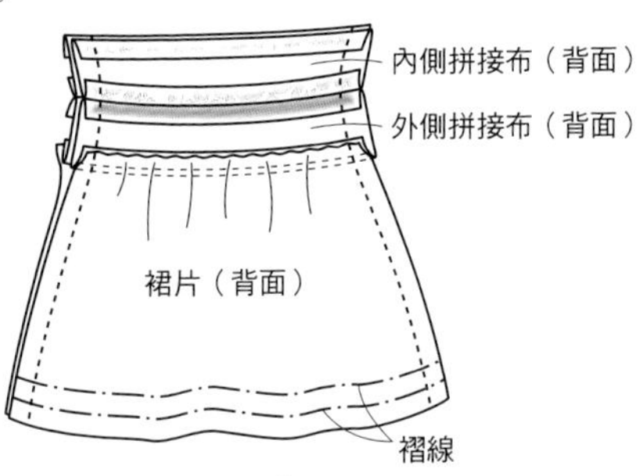

內側拼接布（背面）
外側拼接布（背面）
裙片（背面）

摺線

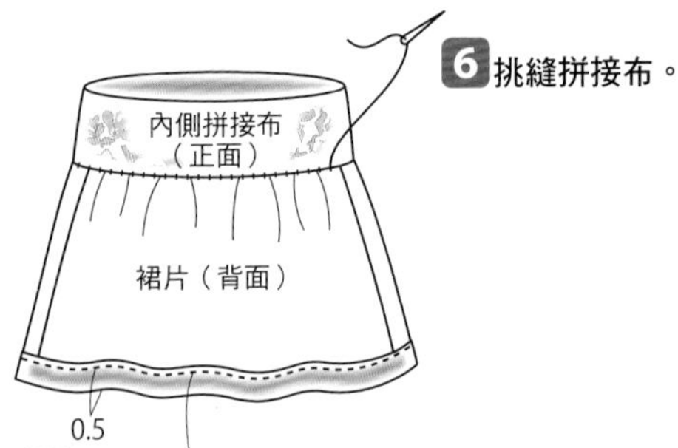

內側拼接布
（正面）
裙片（背面）
0.5

6 挑縫拼接布。

7 依摺線三摺邊後縫合。

8 接縫吊帶。

1 將麻織帶（剪成32cm）自中心處對摺，並縫合固定於後中心。

2 摺疊織帶末端，接縫於前側片背面。

後中心

後側／後側拼接布（正面）

0.2

1.5

縫合。

前中心

前側／內側拼接布（正面）

1

0.2

1

3

縫合。

裙片（背面）

裙片（背面）

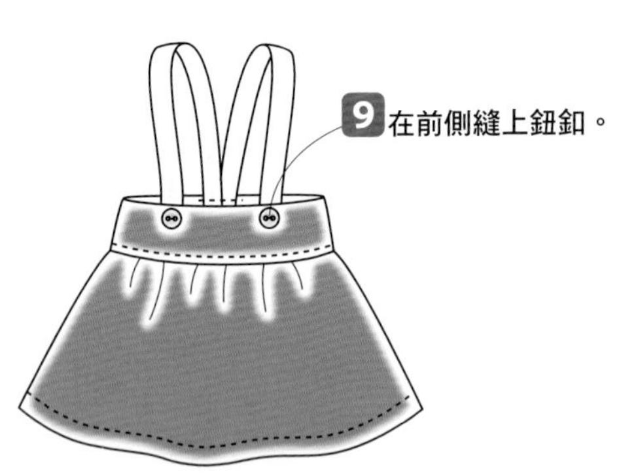

9 在前側縫上鈕釦。

29 裙片

裁布圖（原寸紙型B面）

印花布

※除了特別指定處之外，縫份皆為0.7cm。

內側拼接布

外側拼接布

外側拼接布

裙片

裙片

1.5

1.5

內側拼接布

20

55

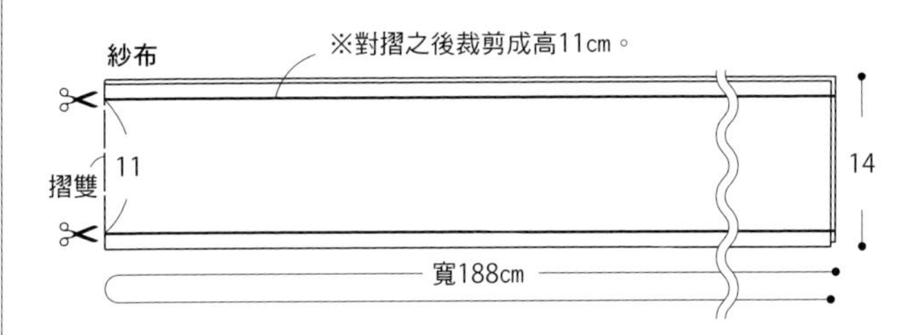

紗布
※對摺之後裁剪成高11cm。
11
摺雙
14
寬188cm

1 以P.61 28 **1**至**8**相同作法縫製裙子。

2 將紗布對摺。

摺雙
紗布

3 摺疊上緣並縫合。

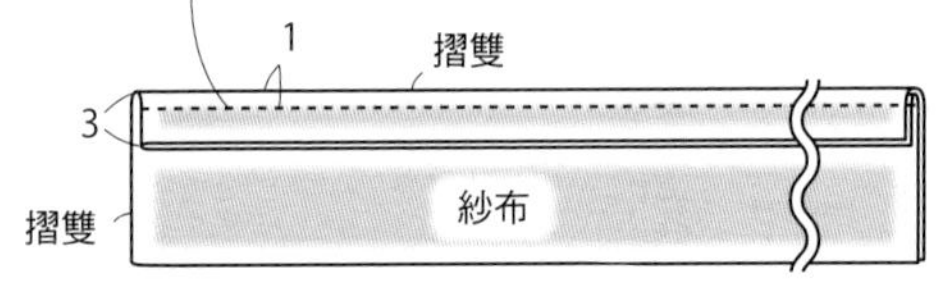

1
摺雙
3
摺雙
紗布

4 穿入鬆緊帶後打結。

鬆緊帶長度為15cm

外側

外側

羅紋緞帶

裙片

紗布

※穿著時重疊於裙子下方。

褲子

材料

30・31…丹寧風針織布 25cm×20cm
鬆緊帶 寬0.6cm×20cm

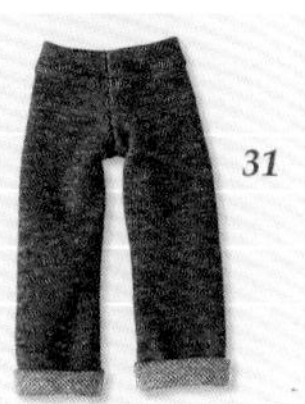

裁布圖（原寸紙型B面）

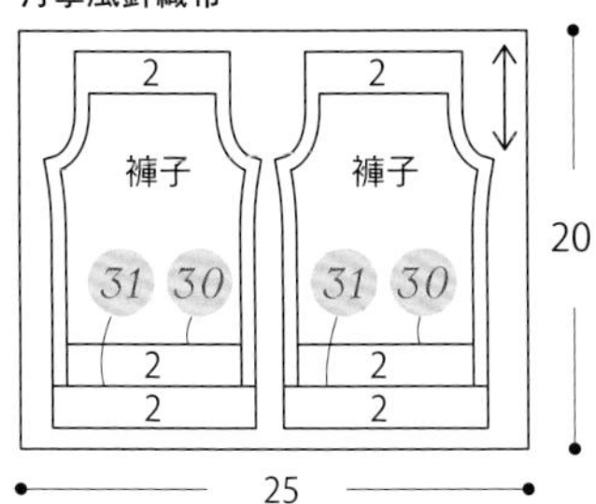

丹寧風針織布
褲子
褲子
2
20
25

※除了特別指定處之外，縫份皆為0.7cm。

30 褲子

1 下襬三摺邊後以熨斗熨壓。

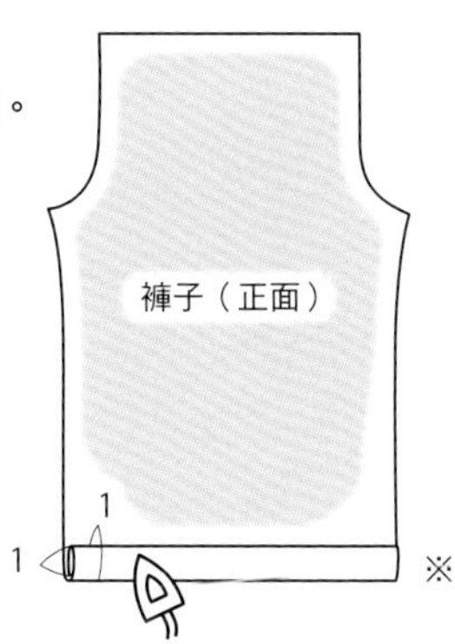

褲子（正面）
1
1

※製作2片。

2 將兩片正面相對對齊後，縫合股上。
※燙開縫份。

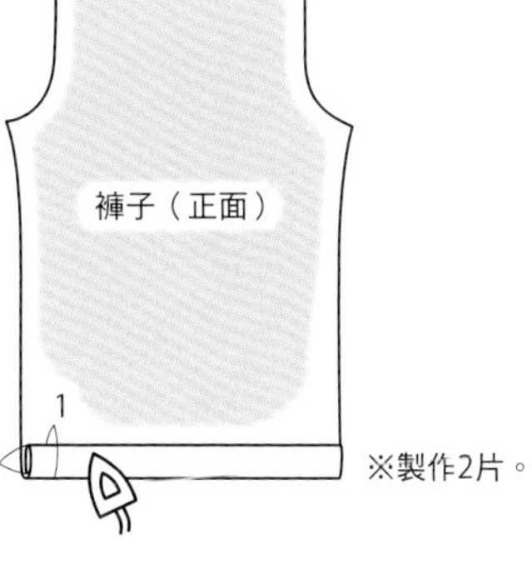

（正面）
1
一側預留鬆緊帶穿入口。
褲子（背面）

3 縫合股下。

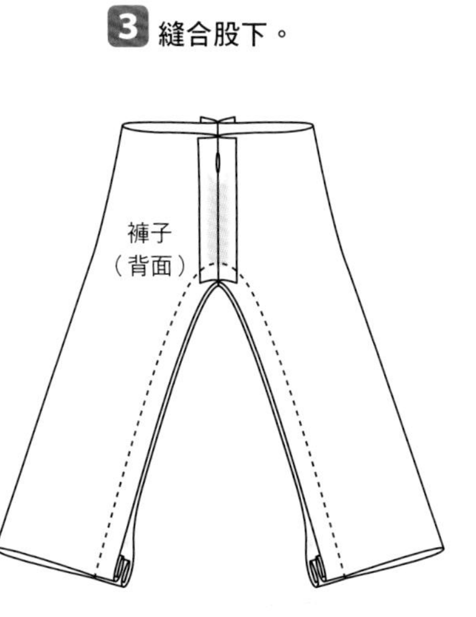

褲子
（背面）

4 腰帶三摺邊後縫合。

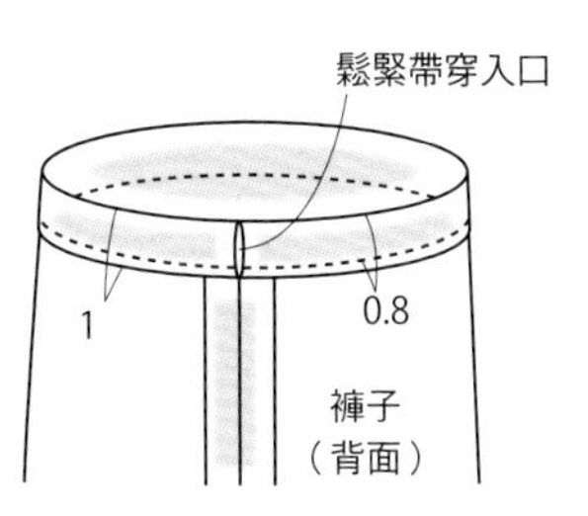

鬆緊帶穿入口
1
0.8
褲子
（背面）

5 翻至正面後穿入鬆緊帶（P.64 32 4）。

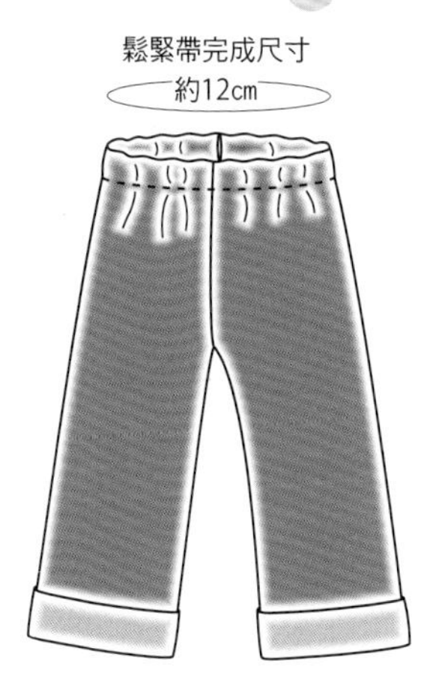

鬆緊帶完成尺寸
約12cm

31 褲子

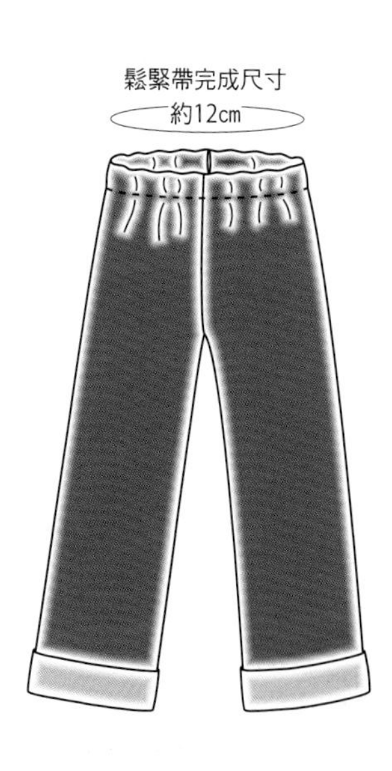

鬆緊帶完成尺寸
約12cm

p.15・p.22

裙子

材料

花朵印花布 40cm×20cm
鬆緊帶 寬0.6cm×20cm

32

裁布圖

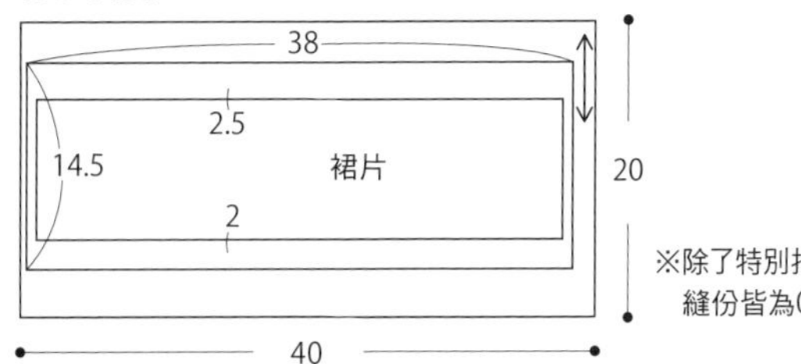
花朵印花布
38
2.5
14.5
裙片
2
20
40

※除了特別指定處之外，縫份皆為0.7cm。

1 正面相對摺疊後縫合脇邊。
※燙開縫份。

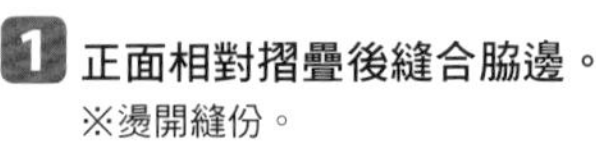
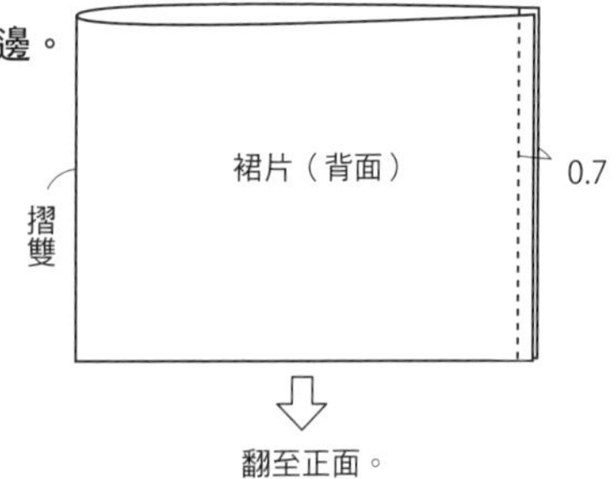
裙片（背面）
0.7
摺雙

翻至正面。

2 腰部三摺邊後縫合。

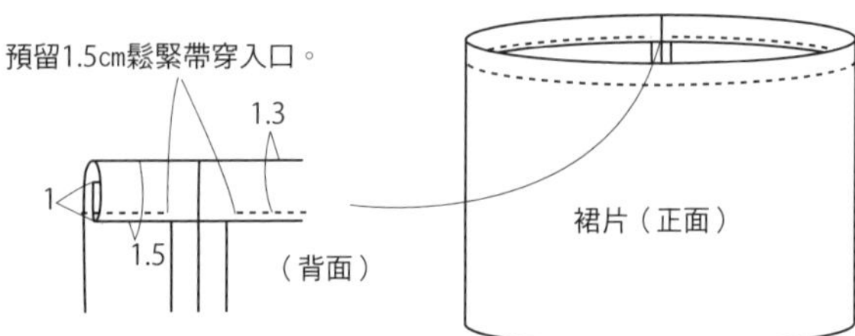
預留1.5cm鬆緊帶穿入口。
1.3
1
1.5
（背面）
裙片（正面）

3 下襬三摺邊後縫合。

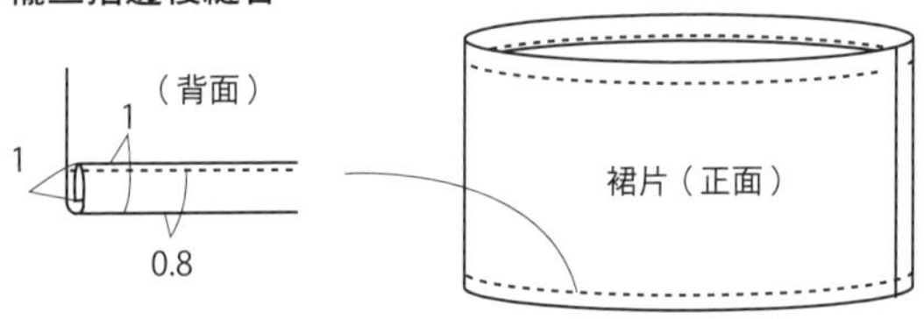
（背面）
1
1
0.8
裙片（正面）

4 翻至正面並穿入鬆緊帶。

鬆緊帶完成尺寸
約12cm

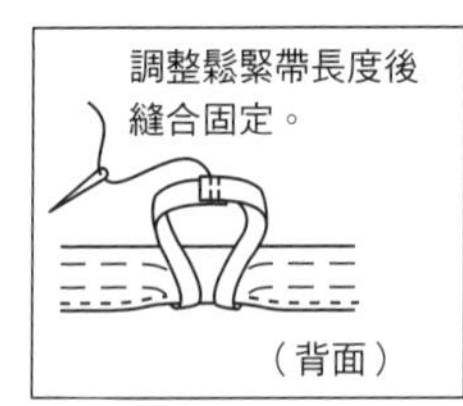
調整鬆緊帶長度後
縫合固定。
（背面）

※鬆緊帶亦可使用小安全別針穿入。

33-p.28・p.32　34-p.28・p.33

短外套

材料

33…蕾絲布 30cm×20cm
34…羊毛布 30cm×20cm

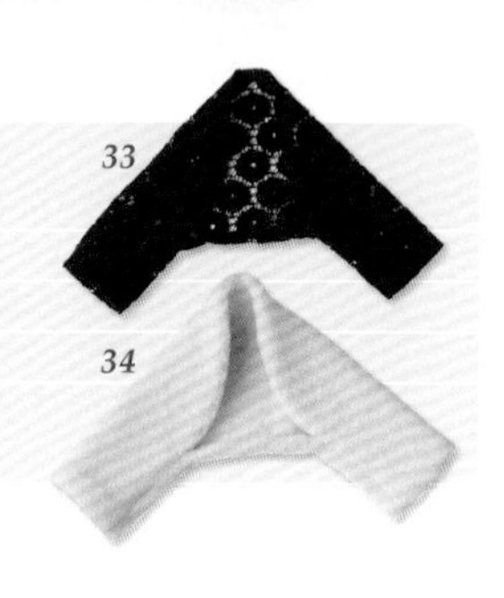
33
34

裁布圖（原寸紙型B面）

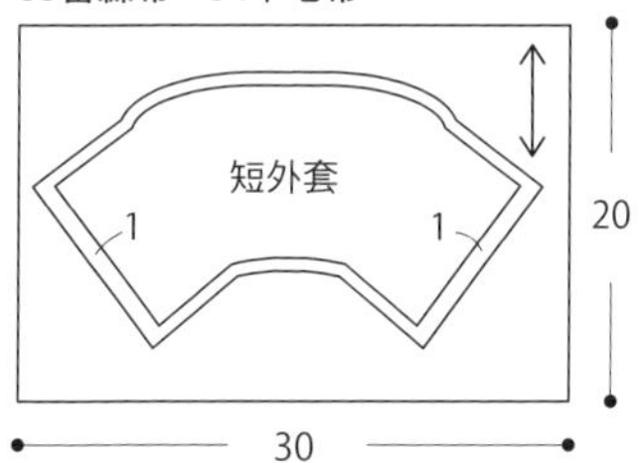
33蕾絲布　34羊毛布
短外套
1
1
20
30

※除了特別指定處之外，縫份皆為0.7cm。

33 短外套

1 袖口二摺邊後縫合。

2 正面相對摺疊後縫合袖下側。

3 將止縫點處的縫份剪牙口。
※燙開縫份。

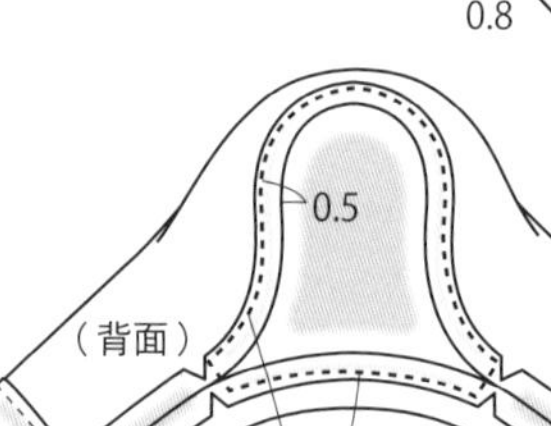
（背面）
1
0.8
0.5
（背面）
（正面）
翻至正面。

4 內摺領圍＆下襬的縫份並縫合。

34 短外套

1 正面相對摺疊後縫合袖下側，並剪牙口（33 **2** **3**）。

2 內摺領圍＆下襬的縫份並挑縫，縫線盡量不要露出表面。

3 反摺袖口並挑縫。

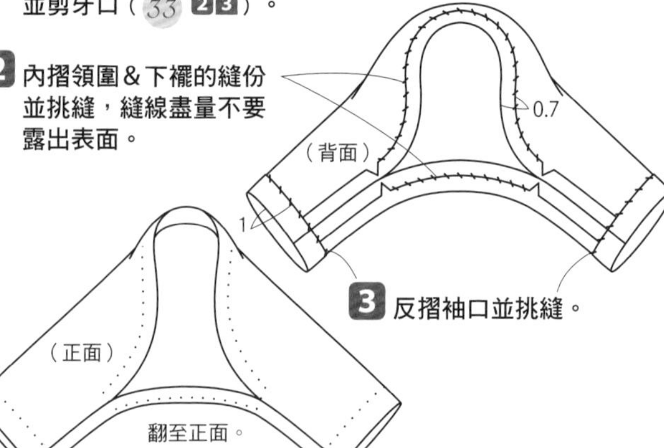
0.7
（背面）
1
（正面）
翻至正面。

Q 夾克

35,36,37

材料

35…深粉紅色不織布 30cm×30cm
原色不織布 30cm×15cm
橫條紋針織布 20cm×5cm
鬆緊帶 寬0.6cm×75cm
鈕釦 直徑0.8cm×3個
暗釦 直徑0.5cm×3組

36…深藍色針織布 45cm×30cm
深藍色蕾絲布 20cm×15cm
黑色鬆緊帶 寬0.6cm×75cm

37…丹寧風針織布 寬45cm×30cm
蕾絲 寬1cm×20cm
黑色鬆緊帶 寬0.6cm×75cm

35
36
37

35 夾克

裁布圖（原寸紙型B面）

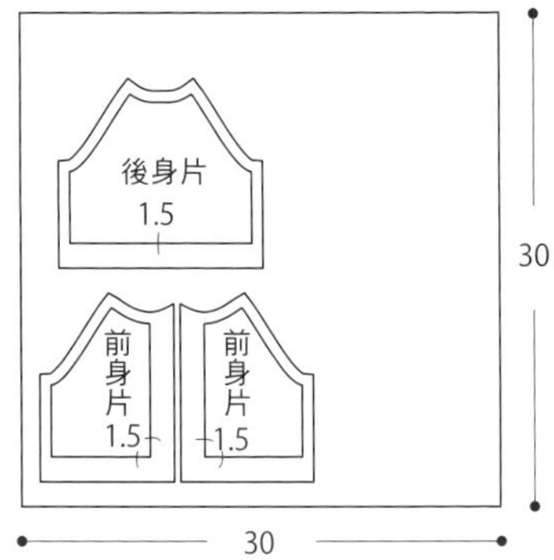
深粉紅色不織布
後身片
1.5
前身片
前身片
1.5
1.5
30
30

橫條紋針織布
領子
0
5
20

※除了特別指定處之外，縫份皆為0.7cm。

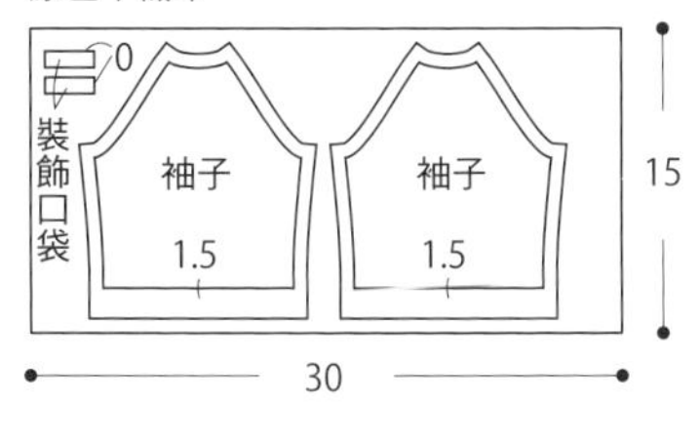
原色不織布
0
裝飾口袋
袖子
袖子
1.5
1.5
15
30

1 縫上裝飾口袋。

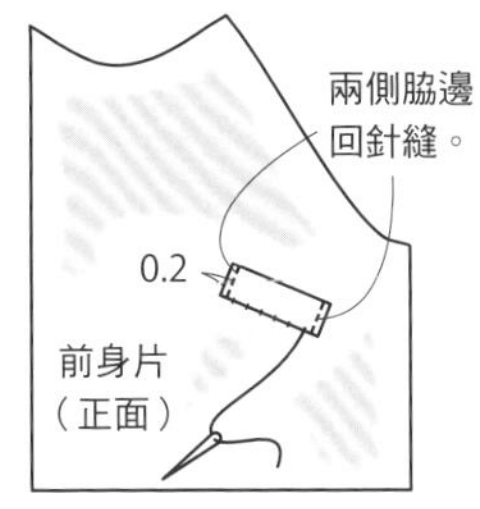
兩側脇邊回針縫。
0.2
前身片（正面）
下緣立針縫（P.80）。

2 縫合袖口＆後身片下襬，並穿過鬆緊帶。

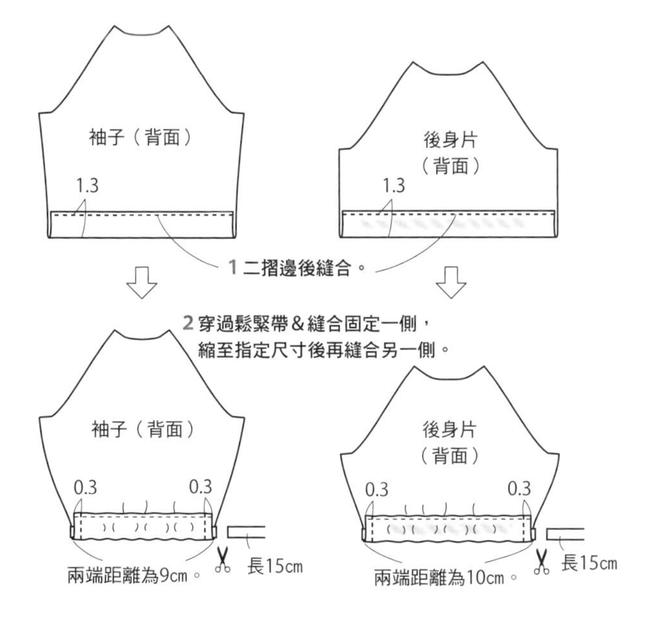
袖子（背面）
1.3
後身片（背面）
1.3
1 二摺邊後縫合。
2 穿過鬆緊帶＆縫合固定一側，縮至指定尺寸後再縫合另一側。
袖子（背面）
0.3
0.3
兩端距離為9cm。
長15cm
後身片（背面）
0.3
0.3
兩端距離為10cm。
長15cm

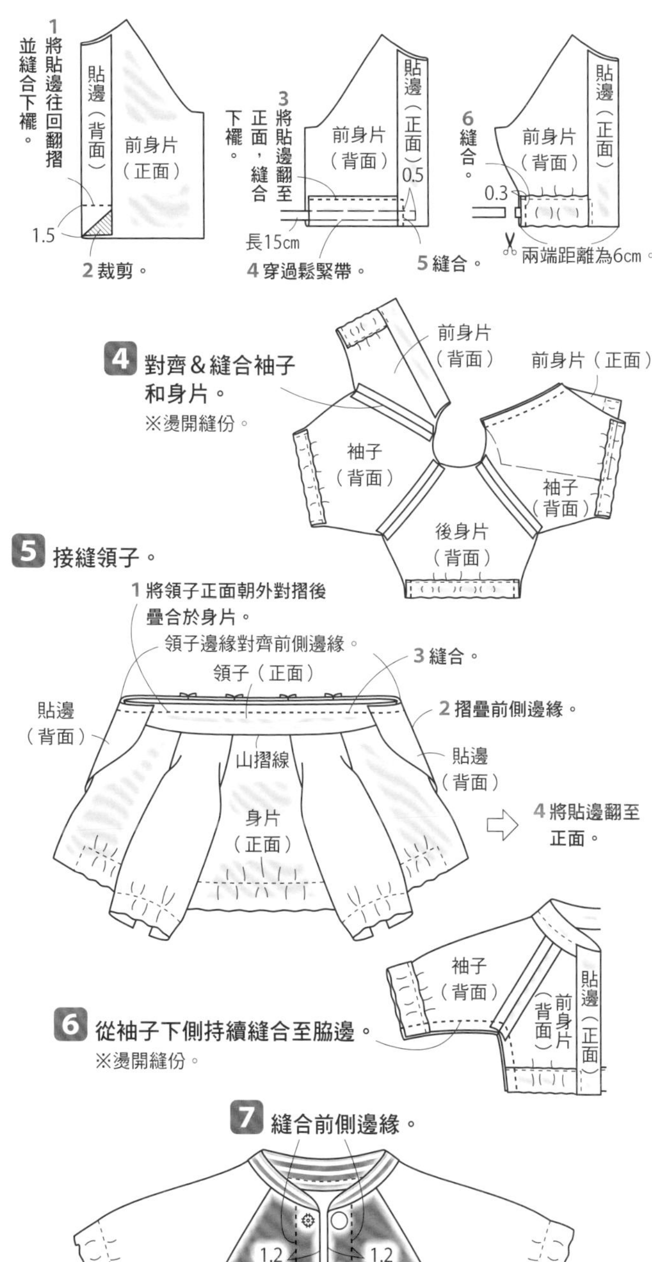
3 縫合前身片下襬，並穿過鬆緊帶。
1 將貼邊往回翻摺並縫合下襬。
貼邊（背面）
前身片（正面）
1.5
2 裁剪。
3 將貼邊翻至正面，縫合下襬。
前身片（背面）
貼邊（正面）
0.5
長15cm
4 穿過鬆緊帶。
5 縫合。
6 縫合。
前身片（背面）
貼邊（正面）
0.3
兩端距離為6cm。
4 對齊＆縫合袖子和身片。
※燙開縫份。
前身片（背面）
前身片（正面）
袖子（背面）
袖子（背面）
後身片（背面）
5 接縫領子。
1 將領子正面朝外對摺後疊合於身片。
領子邊緣對齊前側邊緣。
3 縫合。
領子（正面）
貼邊（背面）
2 摺疊前側邊緣。
山摺線
貼邊（背面）
身片（正面）
4 將貼邊翻至正面。
6 從袖子下側持續縫合至脇邊。
※燙開縫份。
袖子（背面）
前身片（背面）
貼邊（正面）
7 縫合前側邊緣。
1.2
1.2
8 在前側縫上鈕釦後再縫上暗釦。
鈕釦
母釦
將暗釦公釦縫於內側。

36 夾克

裁布圖（原寸紙型B面）

針織布

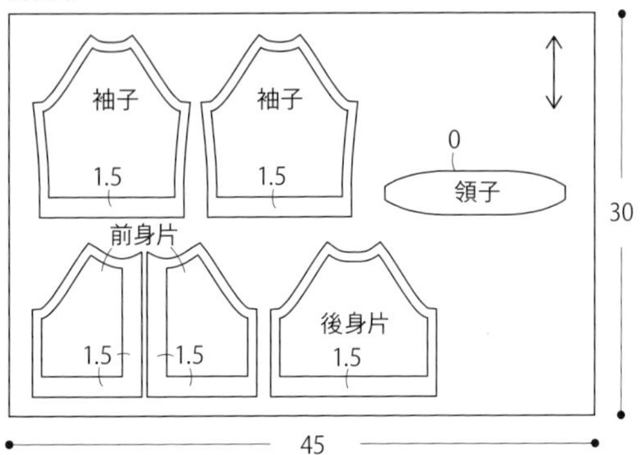

袖子
袖子
1.5
1.5
0
領子
前身片
1.5
1.5
後身片
1.5
30
45

蕾絲布

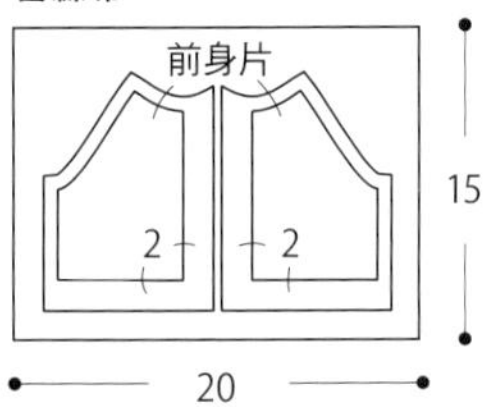

前身片
2
2
15
20

※除了特別指定處之外，縫份皆為0.7cm。

1 將蕾絲布疊合於前身片上縫合下襬。

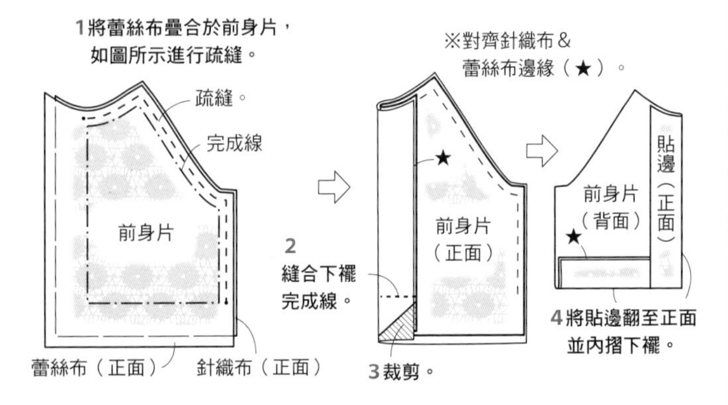

1將蕾絲布疊合於前身片，
如圖所示進行疏縫。
疏縫。
完成線
前身片
蕾絲布（正面）
針織布（正面）
2
縫合下襬
完成線。
※對齊針織布＆
蕾絲布邊緣（★）。
前身片
（正面）
3裁剪。
前身片
（背面）
貼邊（正面）
4將貼邊翻至正面
並內摺下襬。

2 同P.65 35 **2**至**6**。

3 縫合前側邊緣。

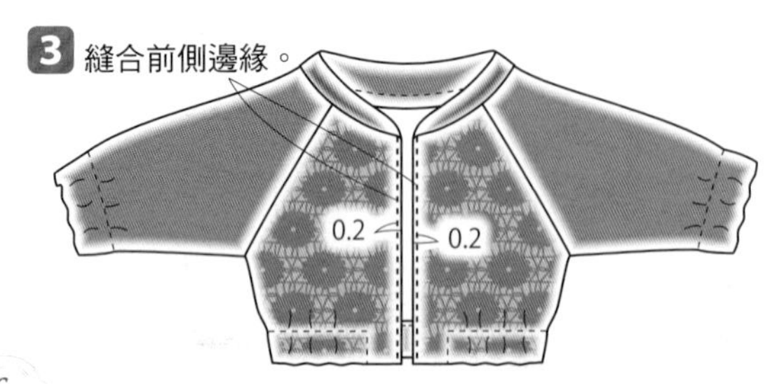

0.2
0.2

37 夾克

裁布圖（原寸紙型B面）

丹寧風針織布

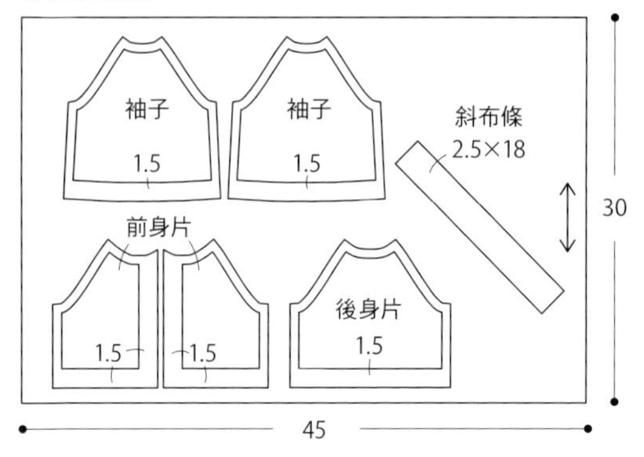

袖子
袖子
1.5
1.5
斜布條
2.5×18
前身片
1.5
1.5
後身片
1.5
30
45

※除了特別指定處之外，縫份皆為0.7cm。

1 同P.65 35 **2**至**4**。

2 處理領圍。

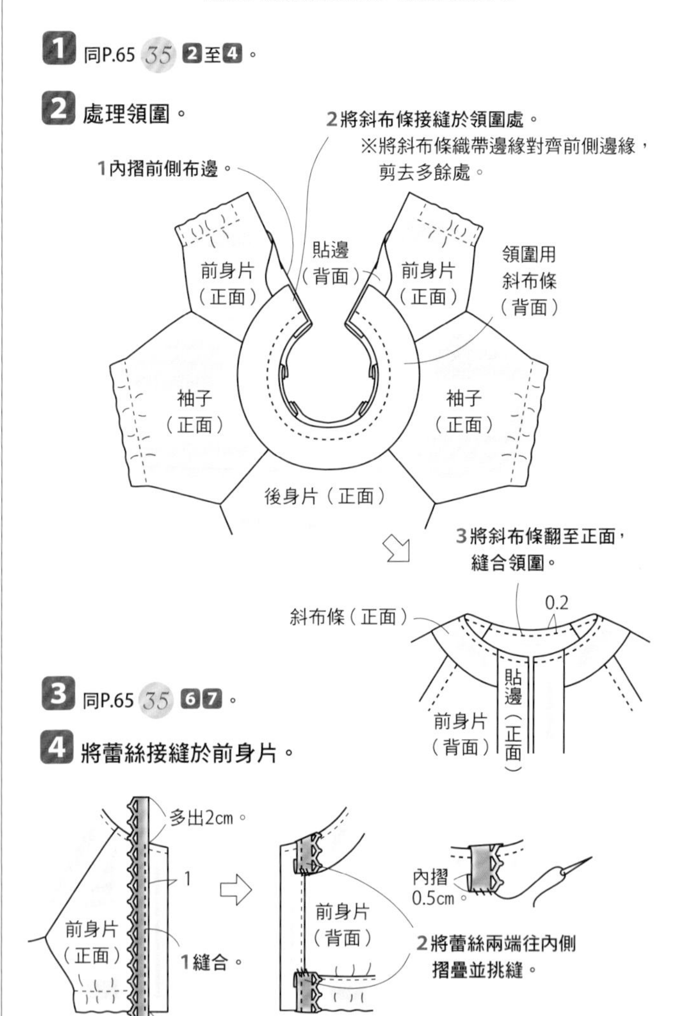

2將斜布條接縫於領圍處。
※將斜布條織帶邊緣對齊前側邊緣，
剪去多餘處。
1內摺前側布邊。
前身片
（正面）
貼邊
（背面）
前身片
（正面）
領圍用
斜布條
（背面）
袖子
（正面）
袖子
（正面）
後身片（正面）
3將斜布條翻至正面，
縫合領圍。
斜布條（正面）
0.2
貼邊（正面）
前身片
（背面）

3 同P.65 35 **6** **7**。

4 將蕾絲接縫於前身片。

多出2cm。
1
前身片
（正面）
1縫合。
2
前身片
（背面）
內摺
0.5cm。
2將蕾絲兩端往內側
摺疊並挑縫。

38-p.15・p.18・p.22 39-p.20 40至47-p.12・p.13・p.14・p.16・p.25・p.26・p.27・p.30・p.34・p.35

R 襪子 38~47

材料

38…針織布 25cm×15cm
　蕾絲布 寬1.5cm×25cm
39…針織布 25cm×15cm
40-47…針織布 30cm×20cm

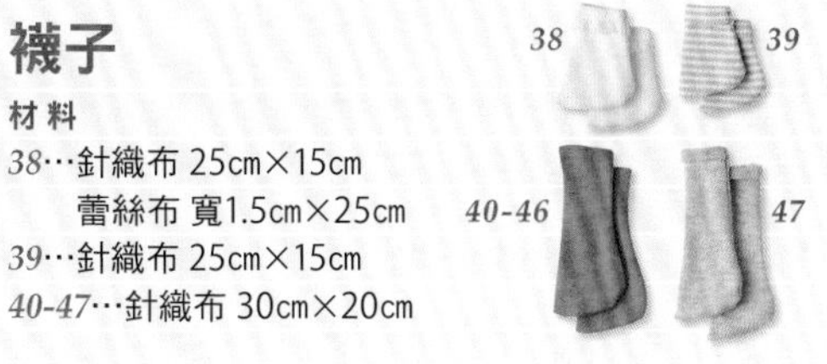

裁布圖（原寸紙型B面）

38・39針織布

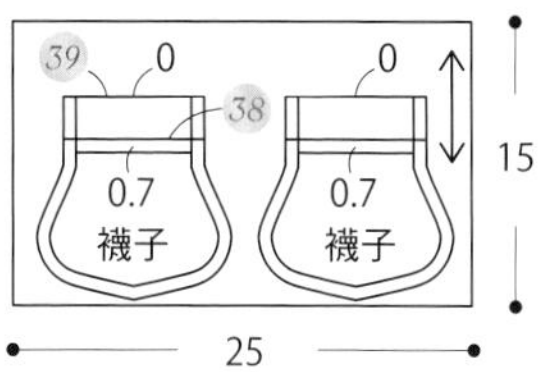

39
0
38
0.7
襪子
15
25

40至47針織布

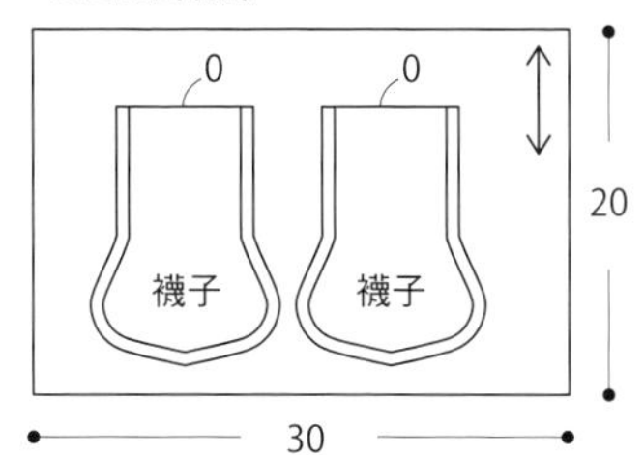

0
襪子
20
30

※除了特別指定處之外，縫份皆為0.7cm。

38 襪子

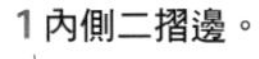

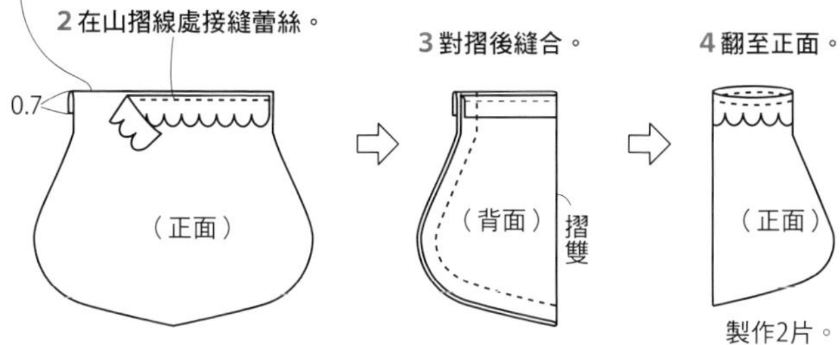

1 內側二摺邊。
2 在山摺線處接縫蕾絲。
3 對摺後縫合。
4 翻至正面。
0.7
（正面）
（背面）
摺雙
製作2片。

39 47 襪子

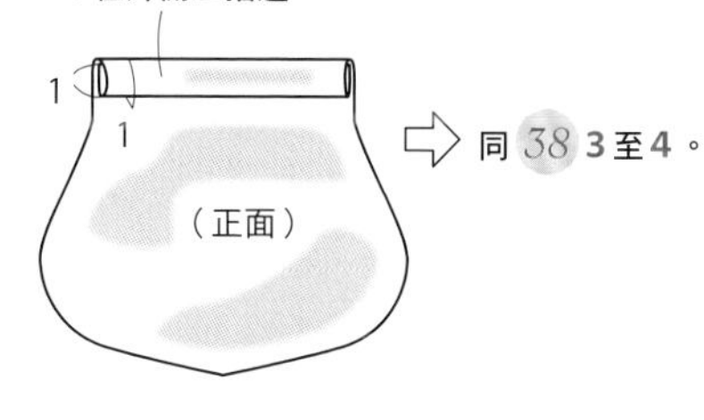

1 在外側三摺邊。
1
（正面）
同 38 3至4。
製作2片。

40至46 襪子

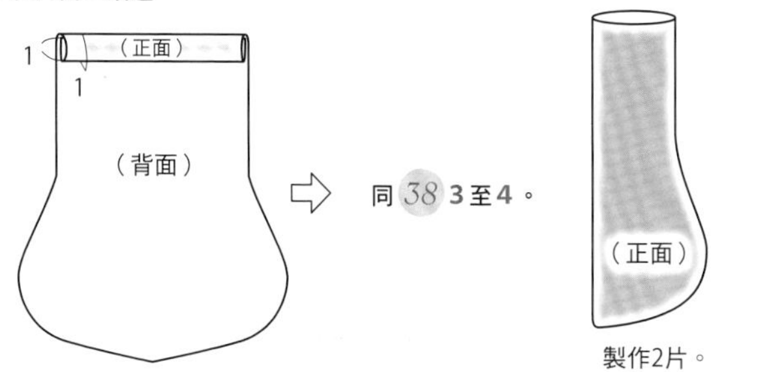

1 在內側三摺邊。
1
（正面）
（背面）
同 38 3至4。
製作2片。

48-p.28・p.32 49-p.16・p.24・p.28

S 褲襪 48,49

材料

48…紗布 30cm×30cm
49…針織布 30cm×30cm

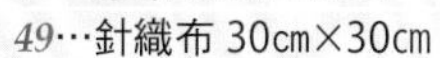

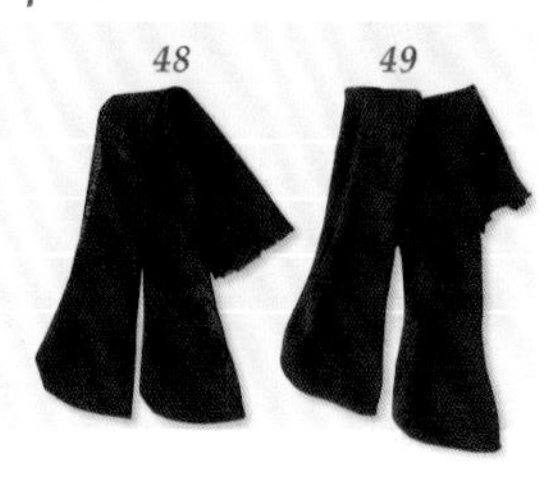

48
49

裁布圖（原寸紙型B面）

48 紗布　49 針織布

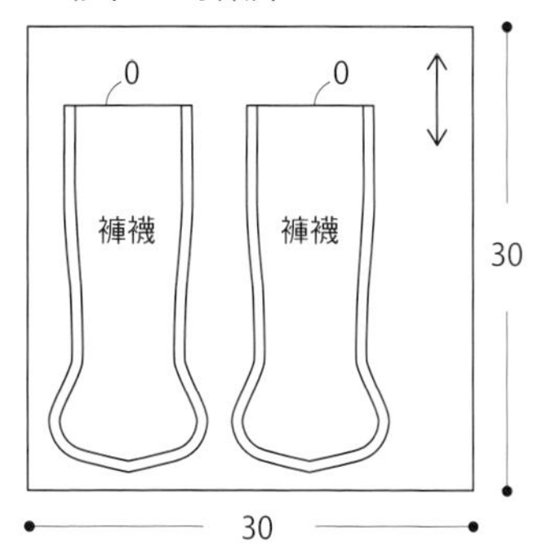

0
褲襪
30

※除了特別指定處之外，縫份皆為0.7cm。

48 49 褲襪

※建議手縫。

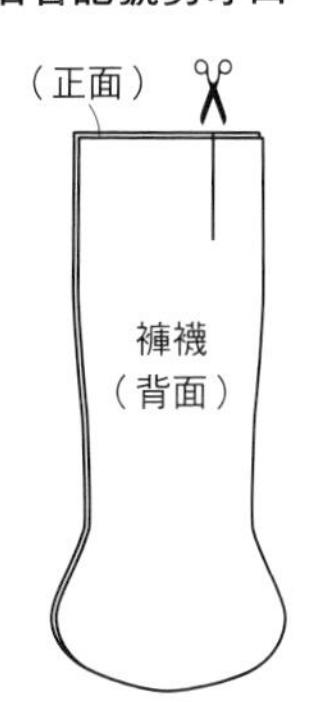

1 將兩片正面相對對齊，沿著記號剪牙口。
（正面）
褲襪
（背面）

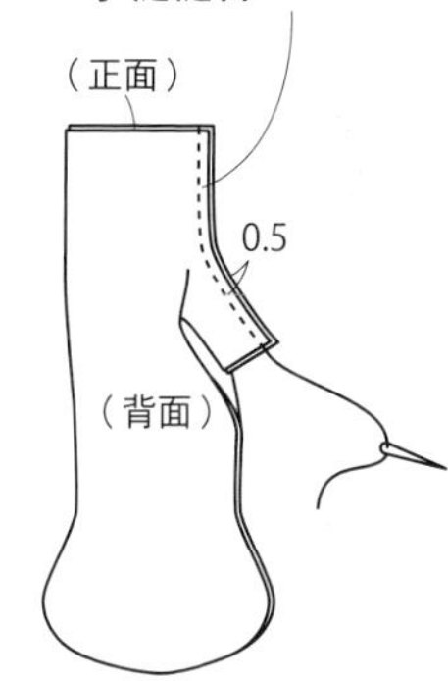

2 打開牙口，手縫縫合。
（正面）
0.5
（背面）

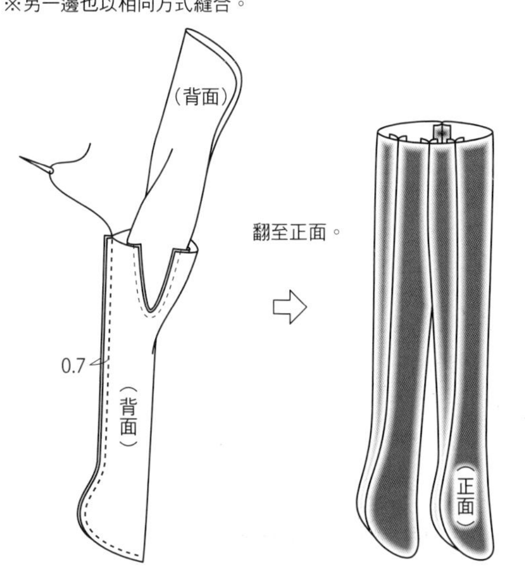

3 避開一面，對摺並縫合後中心。
※另一邊也以相同方式縫合。
（背面）
0.7
翻至正面。
（正面）

T 50,51　V 53,54,55　鞋子

材料　需要量皆為25cm×15cm
50…黑色漆皮布、黑色繡線
51…粉紅色合成皮、原色繡線
53…橘色合成皮、橘色繡線
54…粉紅色合成皮、珠子 直徑0.5cm×2個
　　粉紅色繡線
55…紅色漆皮布、紅色繡線

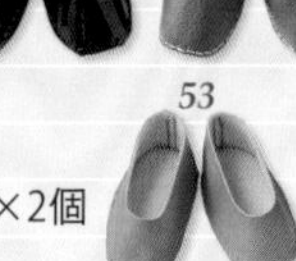
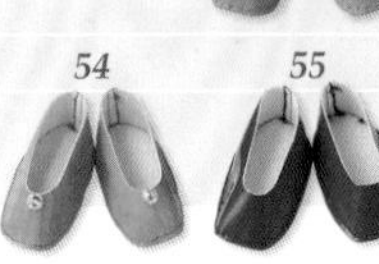

50 51 鞋子

裁布圖（原寸紙型B面）

50漆皮布　51合成皮

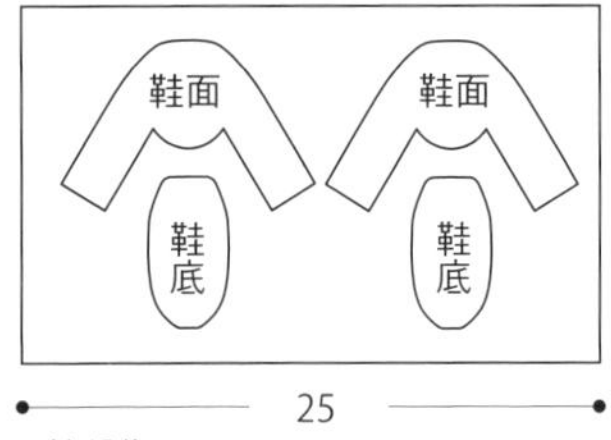
鞋面
鞋面
鞋底
鞋底
15
25

53・54合成皮　55漆皮布

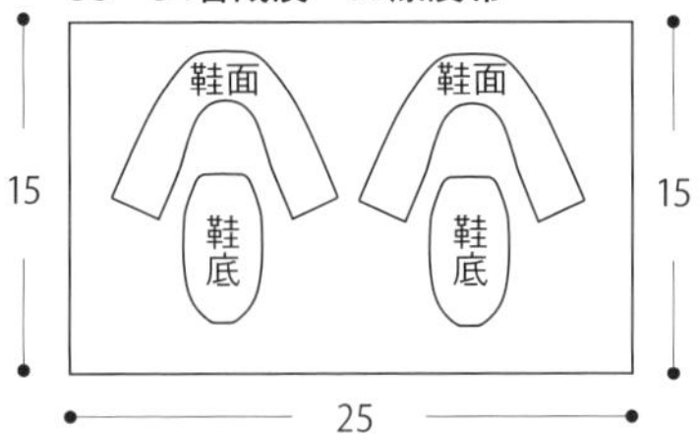
鞋面
鞋面
鞋底
鞋底
15
25

※縫份為0cm。

1 對齊鞋面後中心並縫合。
※全部取2股繡線縫合。

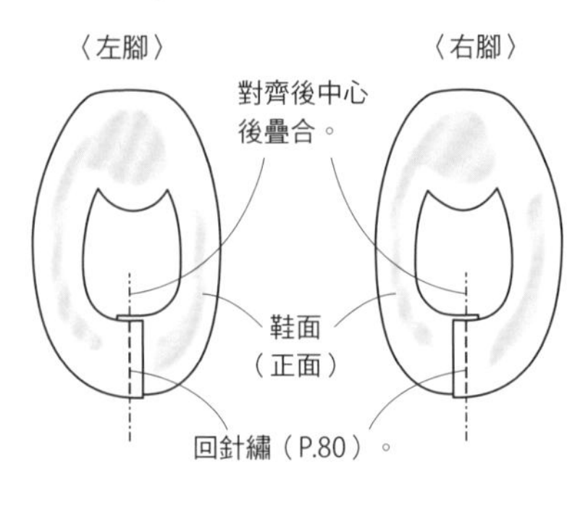
〈左腳〉
〈右腳〉
對齊後中心
後疊合。
鞋面
（正面）
回針繡（P.80）。

2 將1和底部對齊，從鞋面側以回針繡縫合。

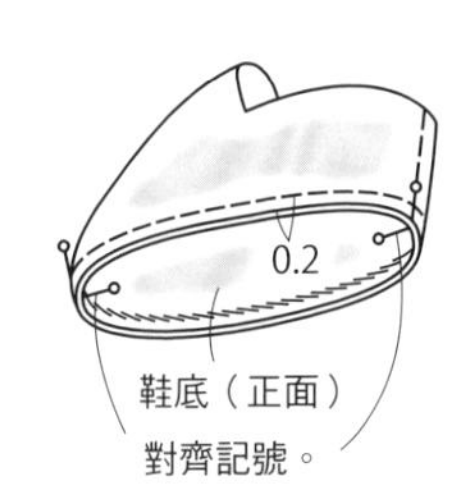
0.2
鞋底（正面）
對齊記號。

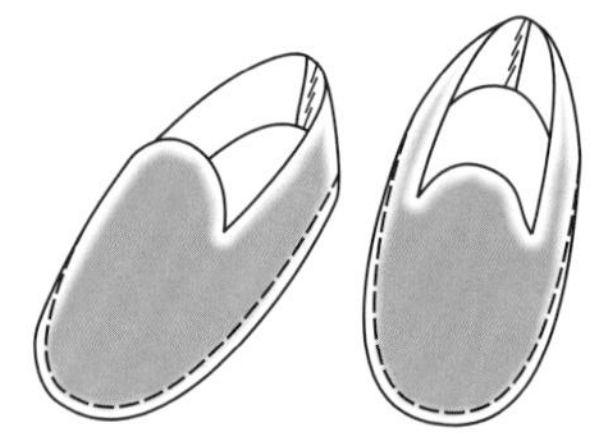

53 54 55 鞋子

作法同 50。

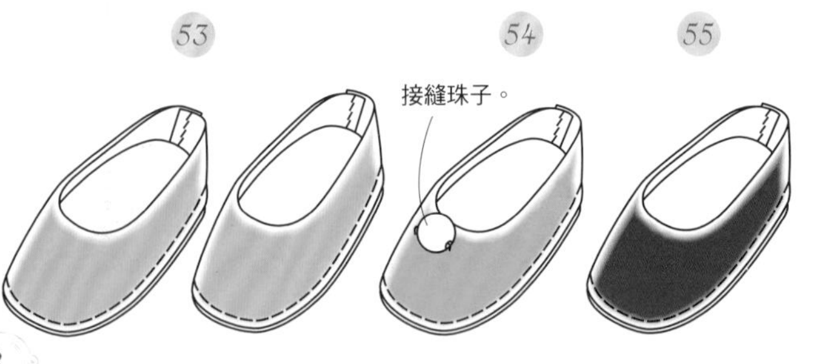
53
54
55
接縫珠子。

U 52　鞋子

材料
咖啡色合成皮 25cm×15cm
咖啡色繡線

裁布圖（原寸紙型B面）

合成皮

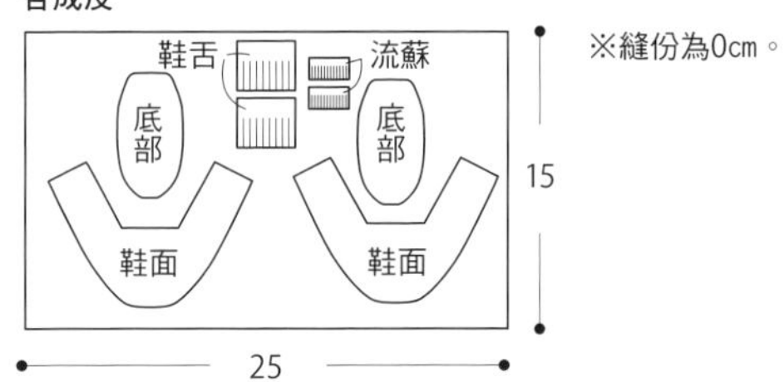
鞋舌
流蘇
底部
底部
鞋面
鞋面
15
25

※縫份為0cm。

1 將鞋舌&流蘇剪牙口。

2 在鞋面接縫鞋舌。
※全部取2股繡線縫合。

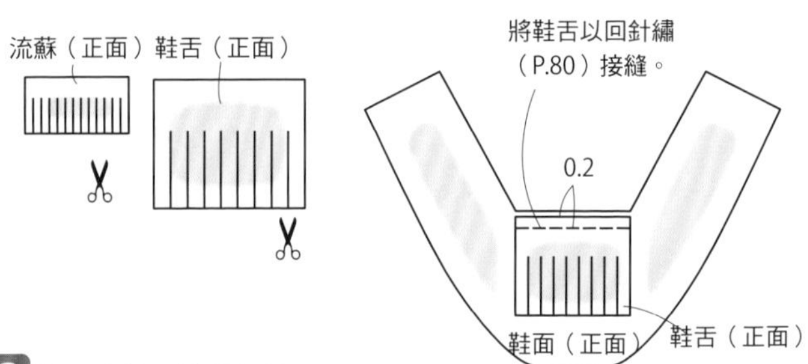
流蘇（正面）
鞋舌（正面）
將鞋舌以回針繡
（P.80）接縫。
0.2
鞋面（正面）
鞋舌（正面）

3 製作流蘇並接縫於2。

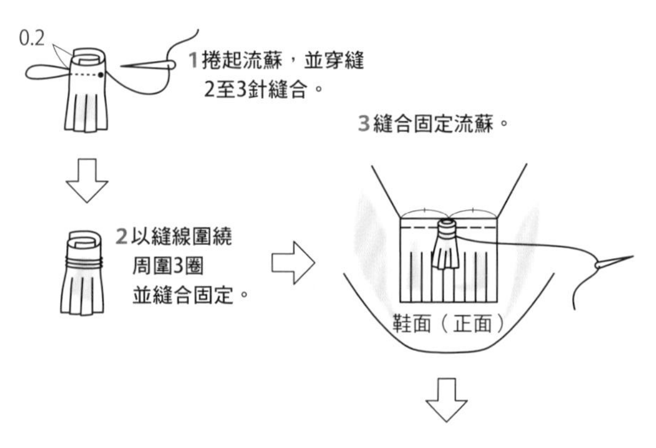
0.2
1捲起流蘇，並穿縫
2至3針縫合。
2以縫線圍繞
周圍3圈
並縫合固定。
3縫合固定流蘇。
鞋面（正面）

4 同50 50 1 2。

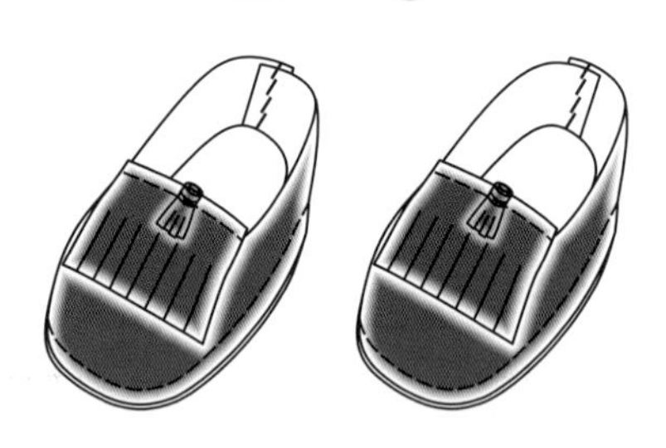

p.19

鞋子

材料
黃色漆皮布 25cm×15cm
黃色繡線

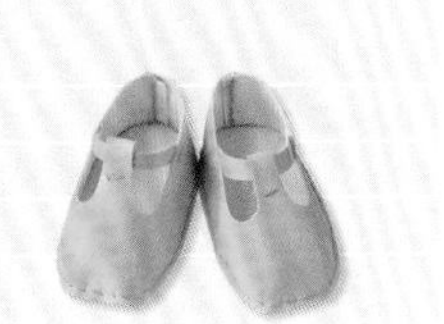

裁布圖（原寸紙型B面）

漆皮

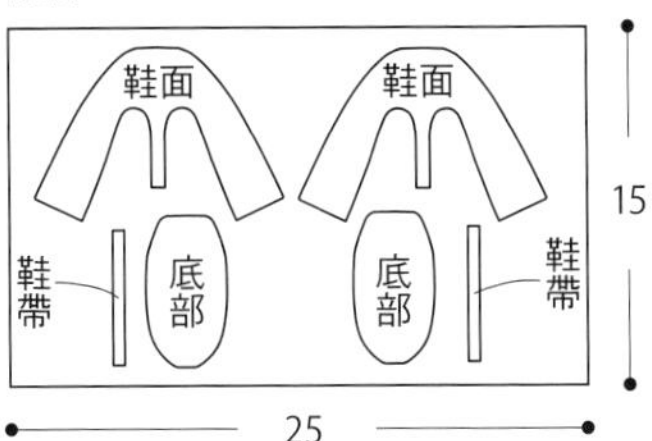

鞋面
鞋面
15
鞋帶
底部
底部
鞋帶
25

※縫份為0cm。

1 將鞋帶接縫於鞋面內側。
※全部取2股繡線縫合。

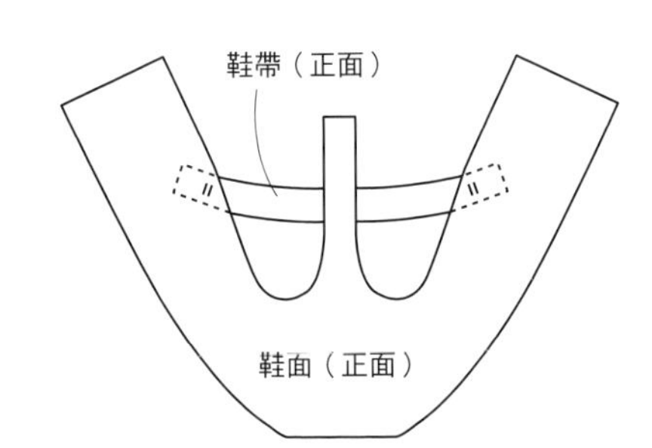

鞋帶（正面）
鞋面（正面）

2 將鞋帶通道往內回摺並縫合固定。

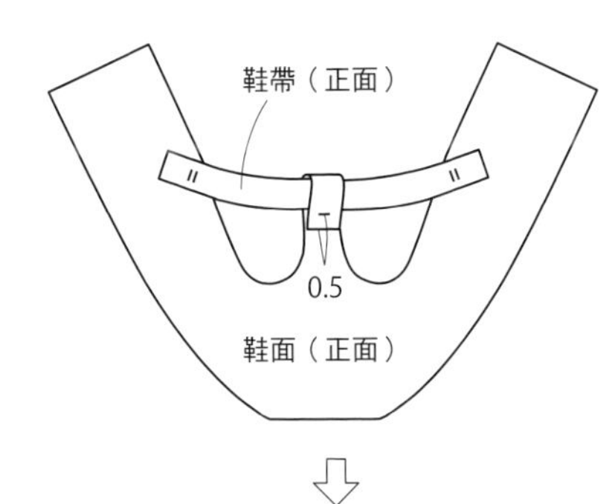

鞋帶（正面）
0.5
鞋面（正面）

3 同P.68 50 **1** **2**。

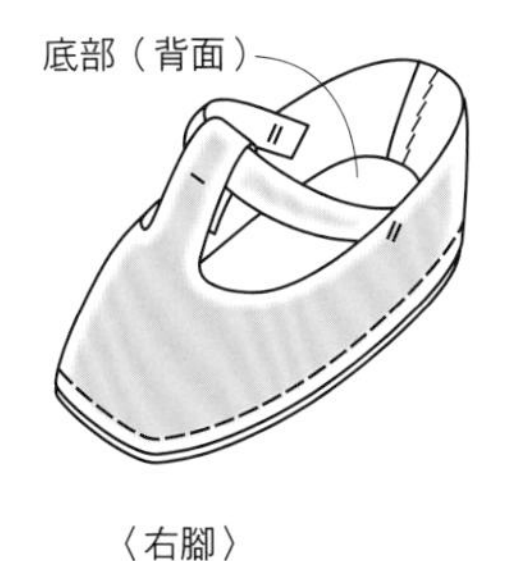

底部（背面）
〈右腳〉

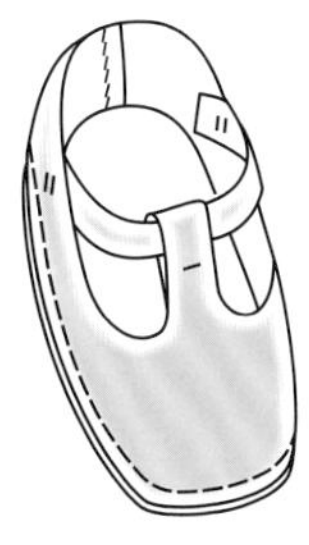

〈左腳〉

p.32

鞋子

材料
厚0.2cm黑色不織布 15cm×15cm
黑色亮面緞帶 寬1.5cm×20cm
珍珠 直徑0.3cm×10個

裁布圖（原寸紙型B面）

不織布

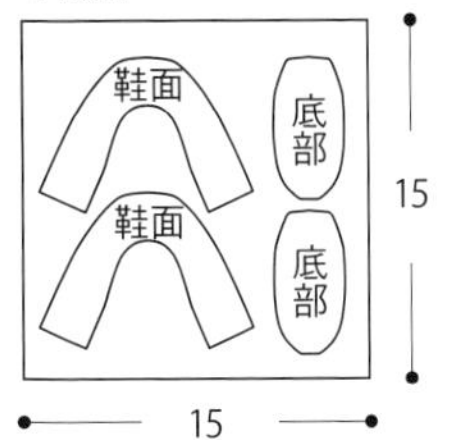

鞋面
鞋面
底部
底部
15
15

※縫份為0cm。

1 縫合鞋面的後腳跟處。
※使用2條車縫線。

2 縫合鞋面＆底部。
※使用2條車縫線。

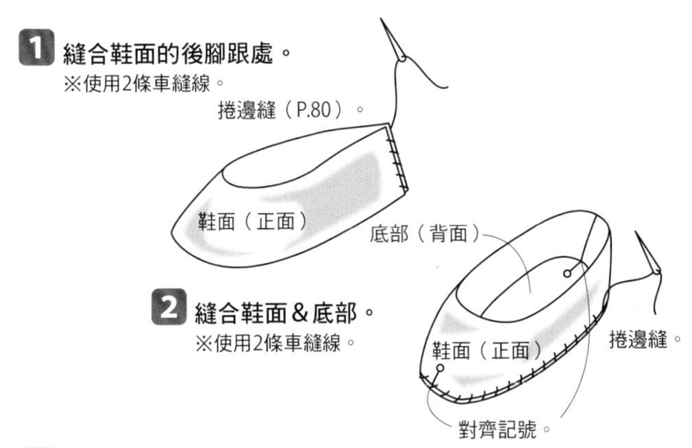

捲邊縫（P.80）。
鞋面（正面）
底部（背面）
鞋面（正面）
捲邊縫。
對齊記號。

3 製作蝴蝶結並接縫於鞋面。

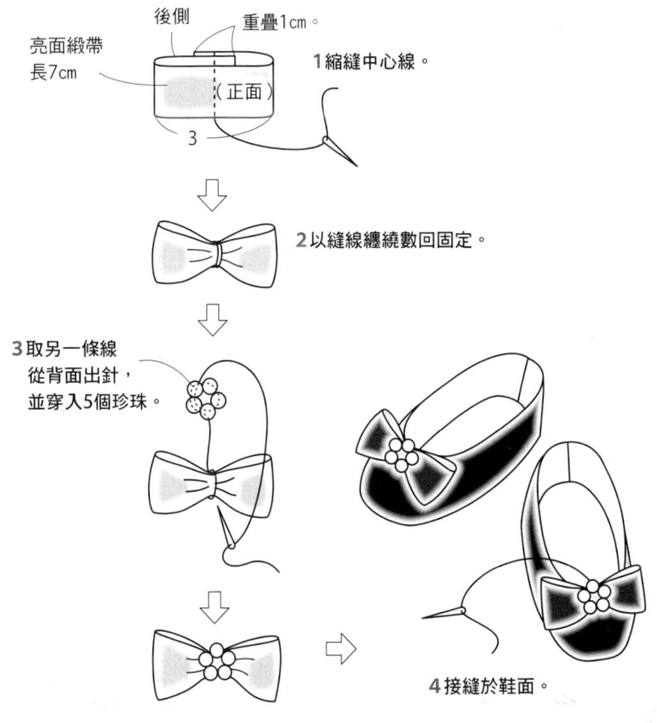

後側
重疊1cm。
亮面緞帶
長7cm
（正面）
3
1縮縫中心線。
2以縫線纏繞數回固定。
3取另一條線
從背面出針，
並穿入5個珍珠。
4接縫於鞋面。

58-p.14・p.25・p.26　59-p.16・p.27・p.34

y 鞋子

58,59

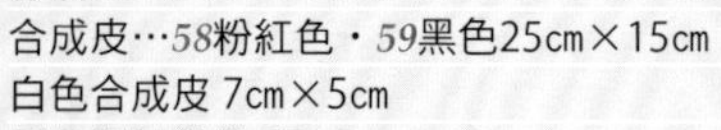

材料

合成皮…58粉紅色・59黑色25cm×15cm
白色合成皮 7cm×5cm
原色羅紋緞帶 寬0.5cm×60
白色細彈性繩 100cm
繡線…58原色・59黑色

58

59

裁布圖（原寸紙型B面）

合成皮　58粉紅色 59黑色

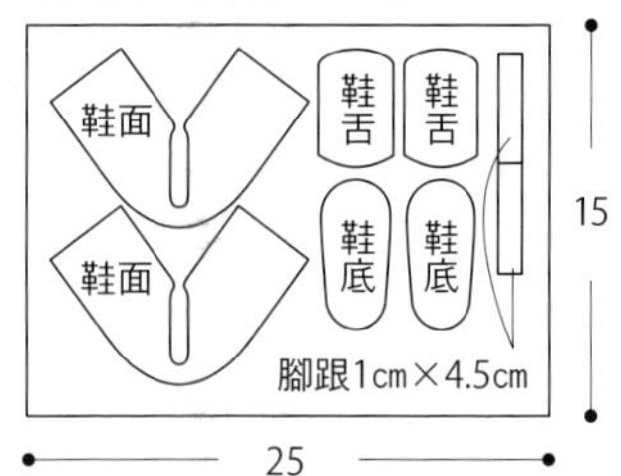

鞋面
鞋面
鞋舌
鞋舌
鞋底
鞋底
腳跟1cm×4.5cm
15
25

白色合成皮

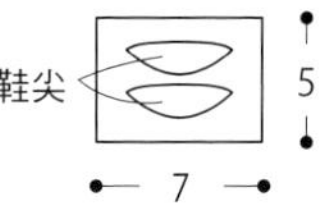

鞋尖
5
7

※縫份為0cm。

※除了特別指定處之外，皆以車縫線縫合。

1 以錐子等工具在鞋面上預先打洞。

對摺後，2片一起打4個洞。
鞋面（正面）
摺雙

2 縫合鞋面＆鞋舌。

2取2股繡線進行回針繡（P.80）。
鞋舌（正面）
鞋面（正面）
1進行疏縫。
對齊邊緣。

3 將鞋尖接縫於**2**。

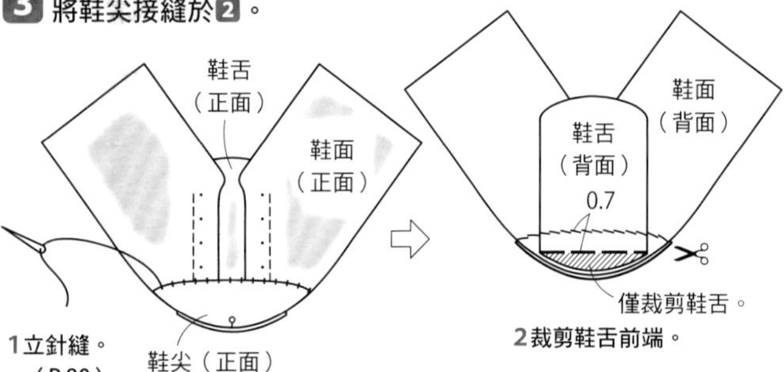

鞋舌
（正面）
鞋面
（正面）
1立針縫。
（P.80）
鞋尖（正面）
鞋舌
（背面）
鞋面
（背面）
0.7
僅裁剪鞋舌。
2裁剪鞋舌前端。

4 縫合腳後跟處（P.69 57 **1**）。

5 將鞋面與底部對齊縫合（P.69 57 **2**）。

6 縫上緞帶。

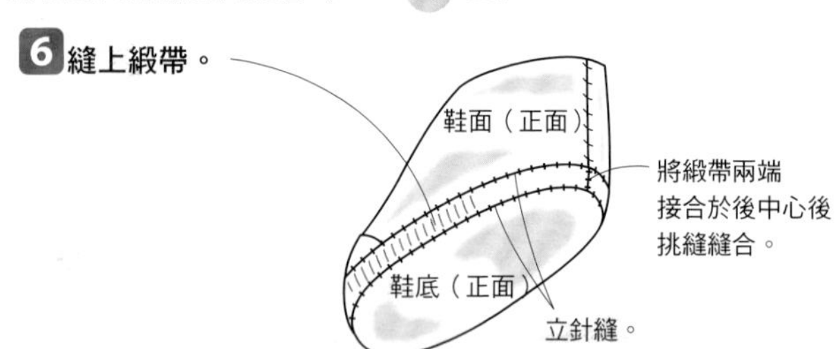

鞋面（正面）
將緞帶兩端
接合於後中心後
挑縫縫合。
鞋底（正面）
立針縫。

7 接縫後腳跟。

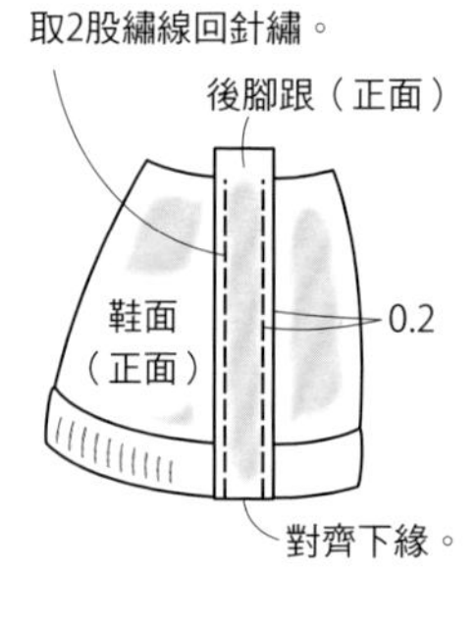

取2股繡線回針繡。
後腳跟（正面）
鞋面
（正面）
0.2
對齊下緣。

8 將彈性繩剪成2等分，以毛線縫針穿過孔洞。

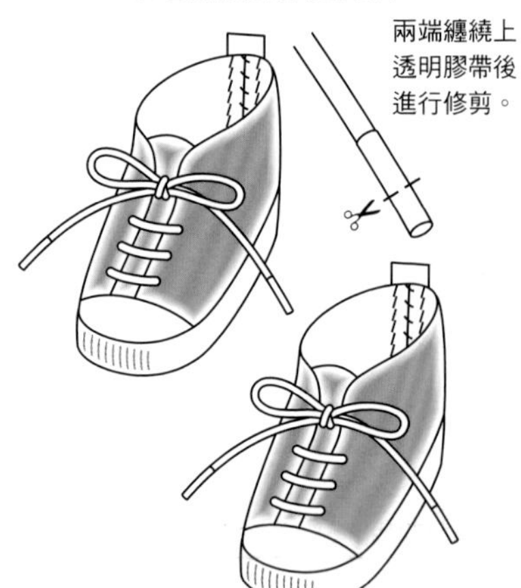

兩端纏繞上
透明膠帶後
進行修剪。

p.22・p.35

Z 靴子

60

材料

咖啡色麂皮織帶 寬10cm×30cm
深咖啡色不織布 9cm×9cm
咖啡色繡線

裁布圖（原寸紙型B面）

麂皮織帶

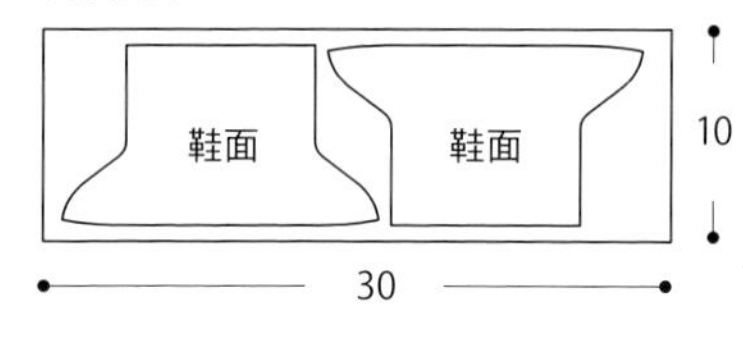

鞋面
鞋面
10
30

不織布

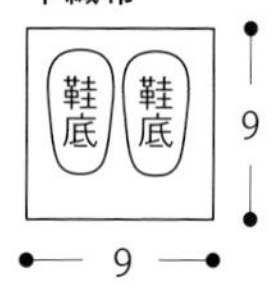

鞋底
鞋底
9
9

※縫份為0cm。

1 將鞋面對摺後縫合。
※全部取2股繡線縫合。

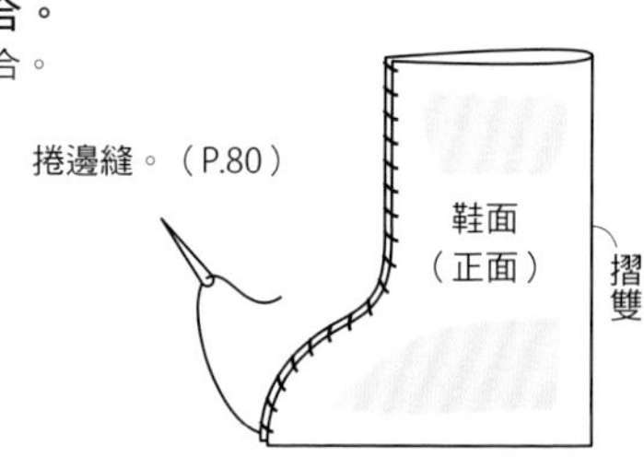

捲邊縫。（P.80）
鞋面
（正面）
摺雙

2 將**2**和底部對齊縫合（P.68 50 **2**）。

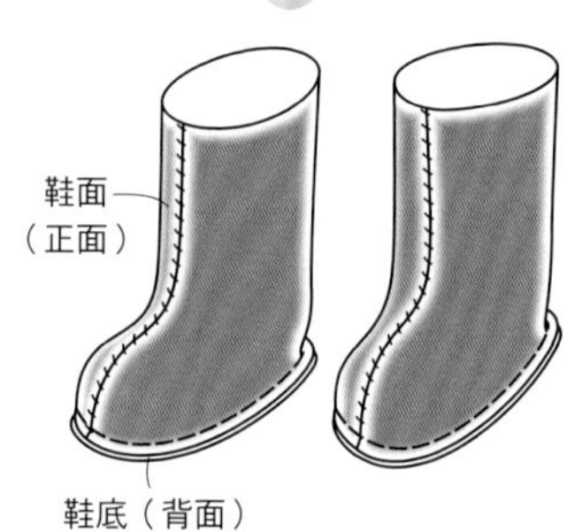

鞋面
（正面）
鞋底（背面）

61-p.27・p.34　62-p.20・p.28

61,62 帽子

材料

61…紅色針織布 25cm×15cm

62…紅色不織布 30cm×15cm

61

62

裁布圖（原寸紙型B面）

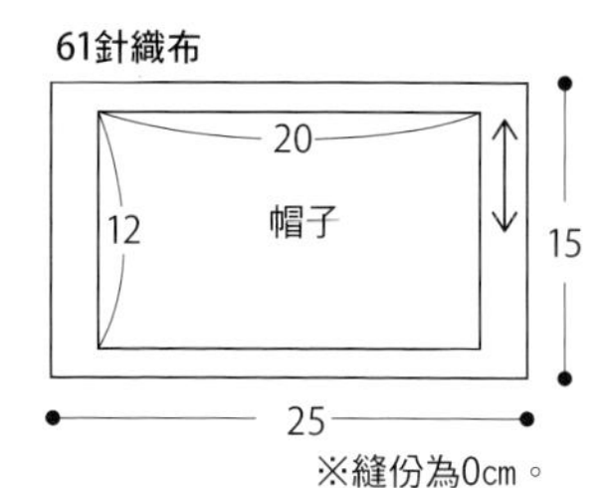
61針織布
20
12
帽子
15
25

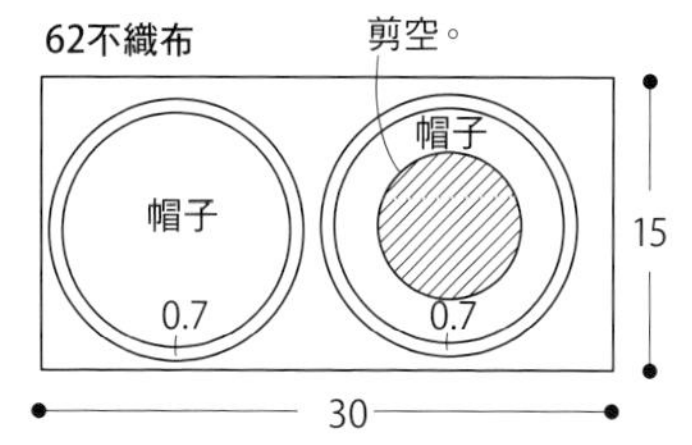
62不織布
剪空。
帽子
帽子
0.7
0.7
15
30

※縫份為0cm。

61 帽子

1 將下緣在正面三摺邊後疏縫。

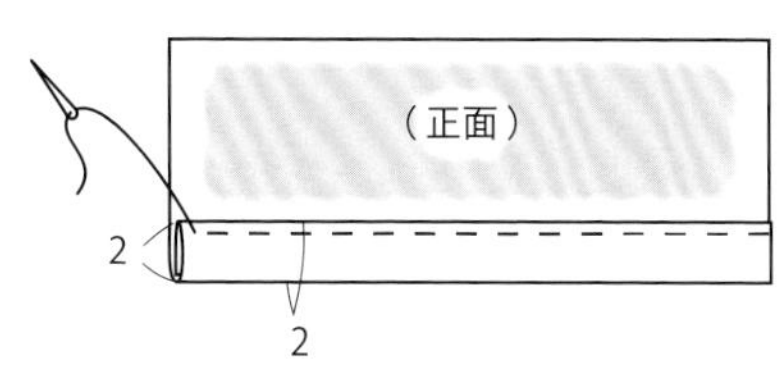
（正面）
2
2

2 正面相對對齊縫合。

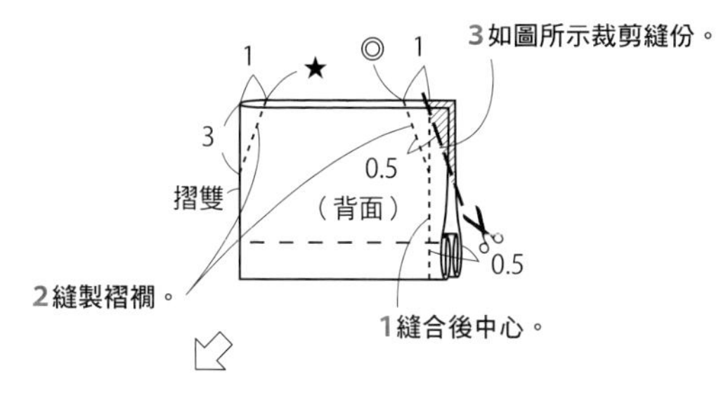
1
★
◎
1
3如圖所示裁剪縫份。
3
0.5
摺雙
（背面）
0.5
2縫製摺襉。
1縫合後中心。

4燙開★的摺襉並和◎對齊，再縫製兩側摺襉。

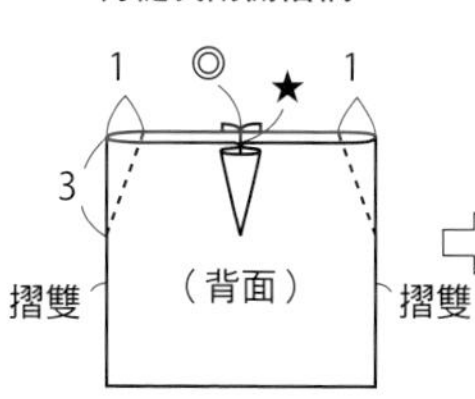
1
◎
★
1
3
摺雙
（背面）
摺雙

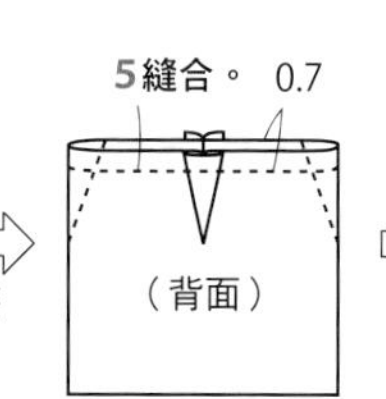
5縫合。
0.7
（背面）

6翻至正面並拆掉疏縫線。

62 帽子

1 將2片正面相對對齊後縫合周圍。

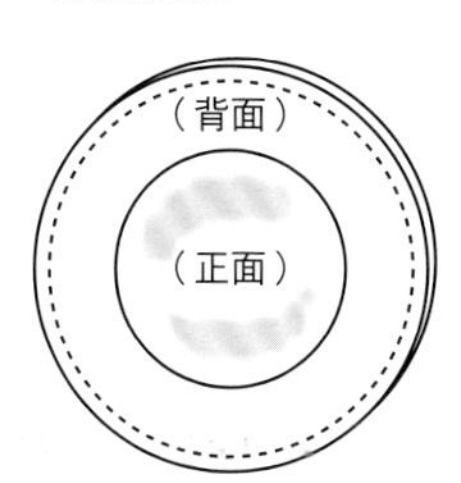
（背面）
（正面）

2 翻至正面，以熨斗熨燙&整理縫線。

（正面）
（背面）

63-p.28・p.32　64-p.13・p.33

63,64 包包

材料

63…厚0.2cm黑色不織布 15cm×15cm

珍珠 直徑0.3cm㊀33個・直徑1cm㊁1個

3號釣魚線 40cm

64…漆皮布 15cm×15cm

珍珠 直徑1cm×1個

粉紅色繡線

63
64

裁布圖（原寸紙型B面）

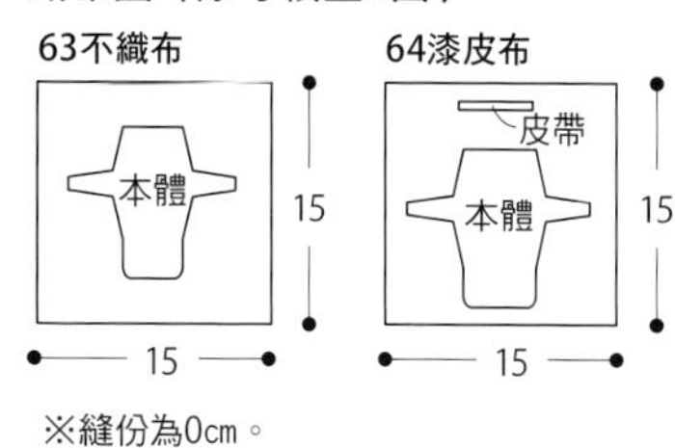
63不織布
本體
15
15
64漆皮布
皮帶
本體
15
15

※縫份為0cm。

63 包包

1 縫製本體。

將本體如圖所示組合，並以捲邊縫（P.80）縫合固定。

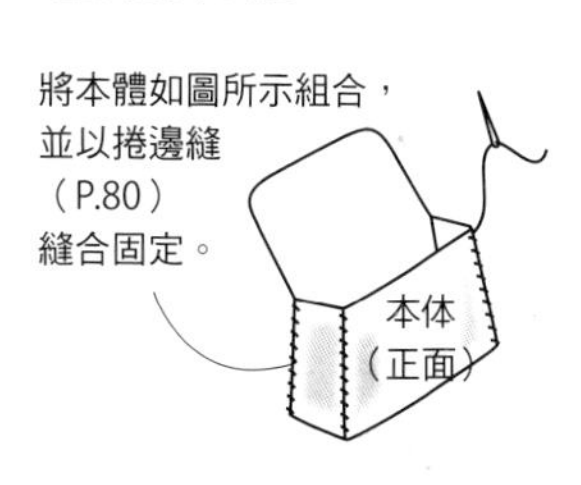
本体
（正面）

2 製作持手，並接縫於本體兩側。

1將珍珠㊀串入釣魚線（30cm）。

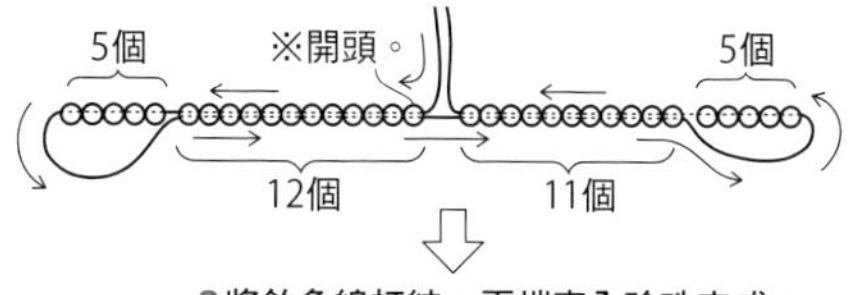
5個
※開頭。
5個
12個
11個

2將釣魚線打結，兩端穿入珍珠完成。

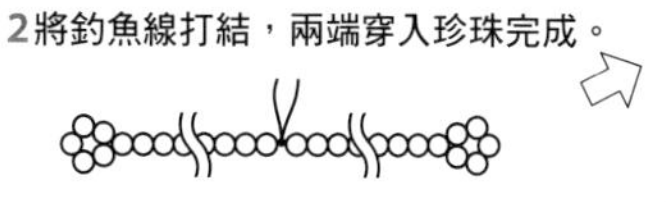

3固定於珍珠間隙中。

3 將本體剪出切口，縫上珍珠。

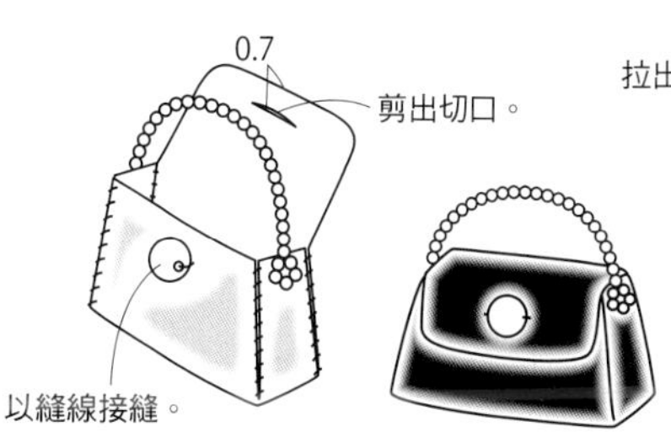
0.7
剪出切口。
以縫線接縫。

珍珠㊁的接縫方式

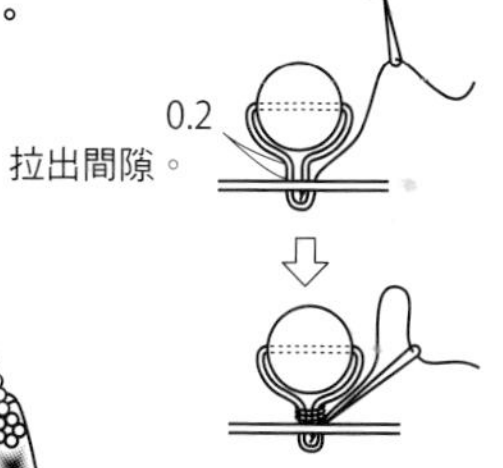
0.2
拉出間隙。

將線纏繞於間隙之中後打結固定。

64 包包

※全部取2股繡線縫合。

1 將本體縫上皮帶。

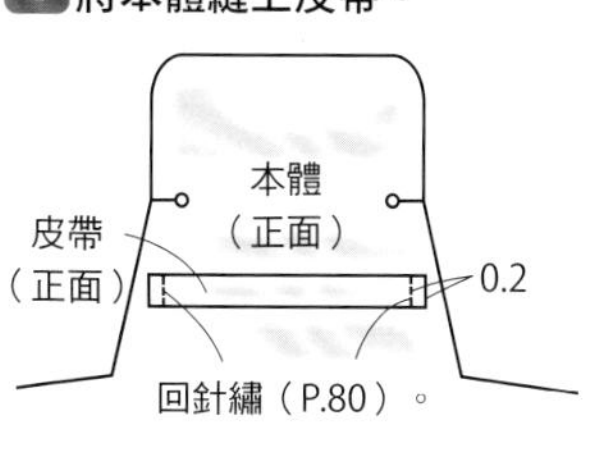
本體
（正面）
皮帶
（正面）
0.2
回針繡（P.80）。

2 縫合本體。

從前側進行回針繡。

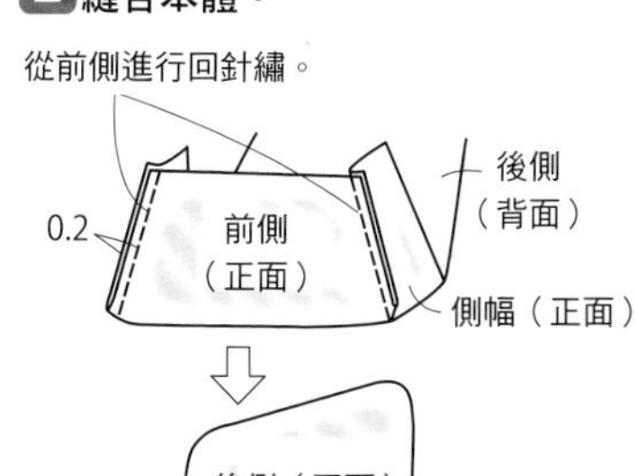
後側
（背面）
0.2
前側
（正面）
側幅（正面）
後側（正面）
0.2
側幅（正面）
從後側開始進行回針繡。

3 剪牙口，並縫上珍珠。（63 **3**）

65,66 包包

材料
65…紅色漆皮布 20cm×20cm
暗釦 直徑0.5cm×1組
紅色繡線
66…黃色漆皮布 15cm×15cm
黃色繡線

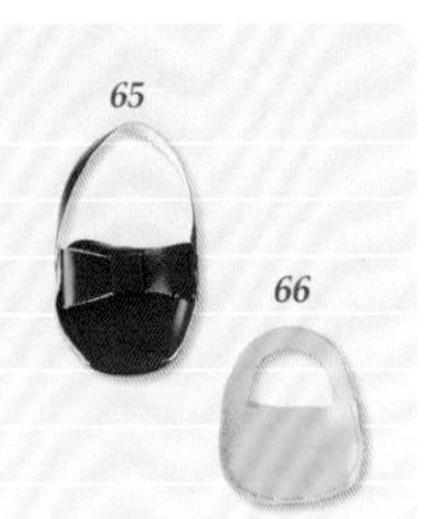

65
66

裁布圖（原寸紙型B面）

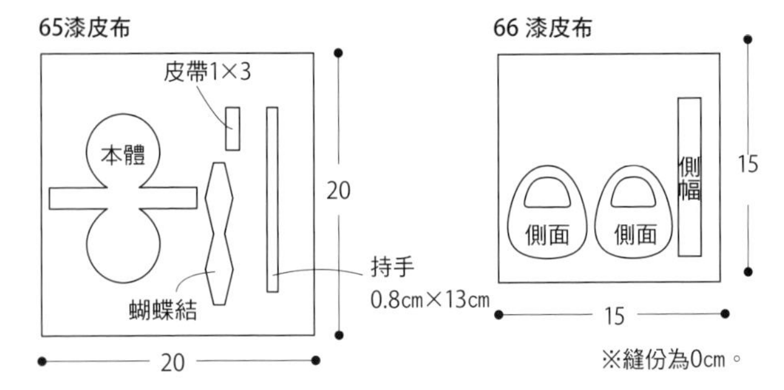

65漆皮布
皮帶1×3
本體
20
蝴蝶結
持手
0.8cm×13cm
20
66 漆皮布
側幅
側面
側面
15
15
※縫份為0cm。

65 包包

1 縫合側幅。

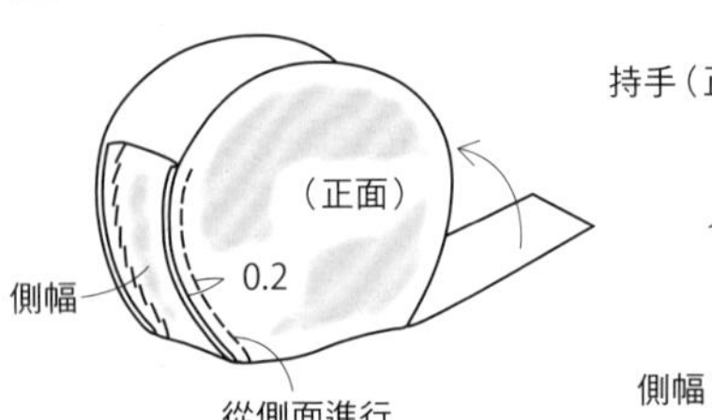

（正面）
側幅
0.2
從側面進行
回針繡（P.80）
※全部取2股繡線縫合。

2 接縫持手。

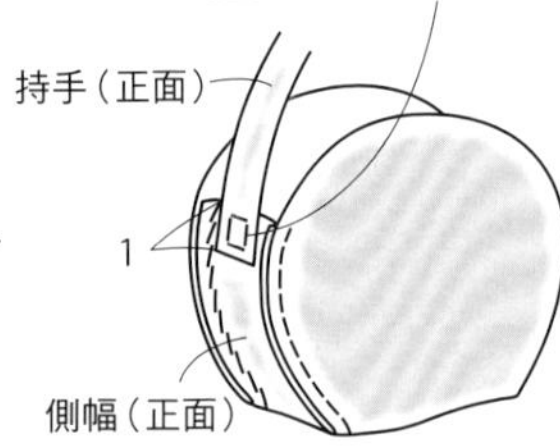

持手（正面）
1
側幅（正面）

3 製作蝴蝶結並接縫於本體。

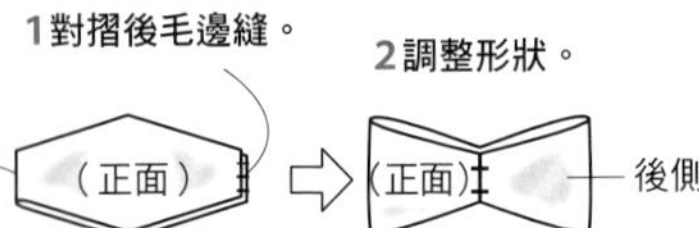

1對摺後毛邊縫。
2調整形狀。
摺雙
（正面）
（正面）
後側

3將皮帶接縫於
蝴蝶結上。
4將皮帶捲起後挑縫固定。
※剪去多餘的皮帶。
後側
皮帶（正面）

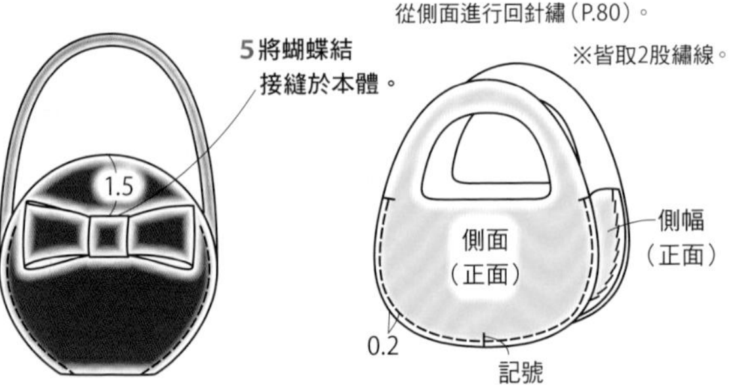

5將蝴蝶結
接縫於本體。
1.5

4 縫上暗釦。

包包（正面）
母釦
公釦
※縫上公釦時
勿在表面露
出痕跡。

66 包包

對齊側面和側幅的記號，
從側面進行回針繡（P.80）。
※皆取2股繡線。

側面
（正面）
側幅
（正面）
0.2
記號

67,68 包包・側背包

材料
67…粉紅色漆皮布 15cm×20cm
淺粉紅色繡線
68…紅色合成皮 10cm×10cm
粉紅色合成皮 10cm×10cm
暗釦 直徑0.5cm×1組
粉紅色織帶 寬0.7cm×40cm
粉紅色繡線

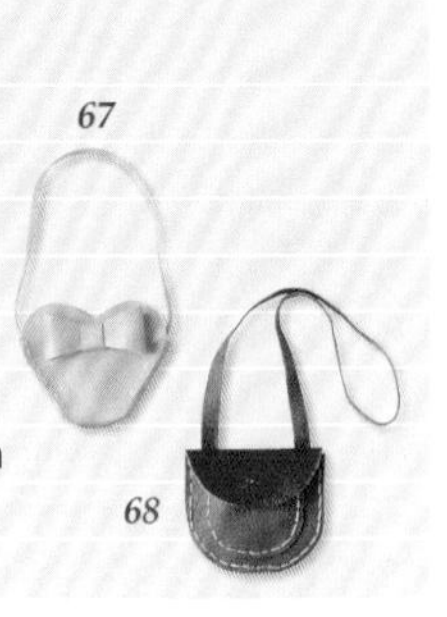

67
68

裁布圖（原寸紙型B面）

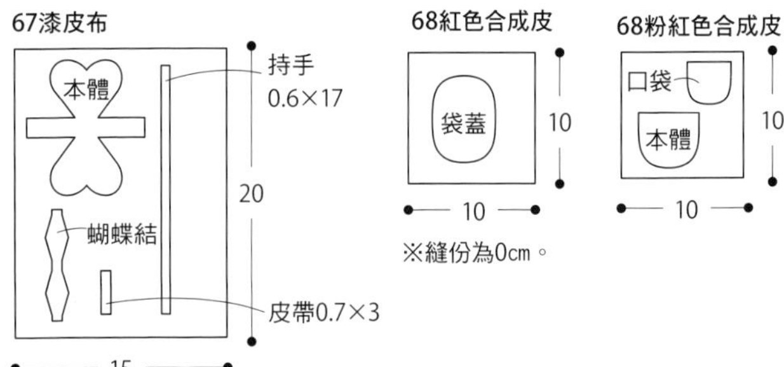

67漆皮布
本體
持手
0.6×17
20
蝴蝶結
皮帶0.7×3
15
68紅色合成皮
袋蓋
10
10
68粉紅色合成皮
口袋
本體
10
10
※縫份為0cm。

67 包包

作法同65 1至3。

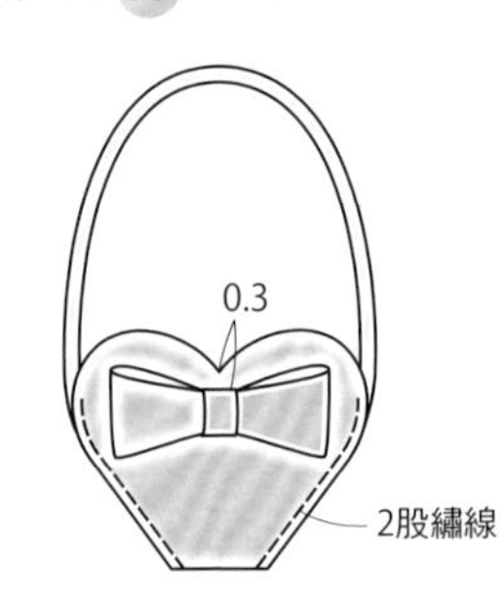

0.3
2股繡線

68 側背包

1 將口袋接縫於本體。

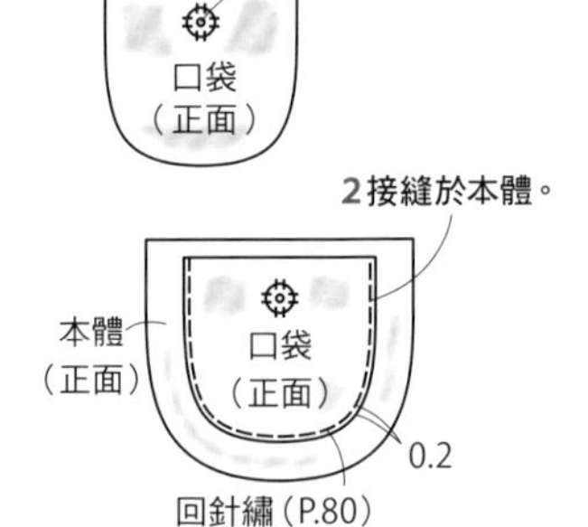

1縫上暗釦母釦。
口袋
（正面）
2接縫於本體。
本體
（正面）
口袋
（正面）
0.2
回針繡（P.80）
※取2股繡線。

2 不使縫線露出正面地縫上暗釦。

3 將蓋子＆本體正面朝外對齊縫合。

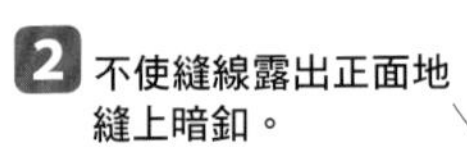

公釦
袋蓋（背面）
從本體側回針繡。
本體（正面）

4 接縫織帶。

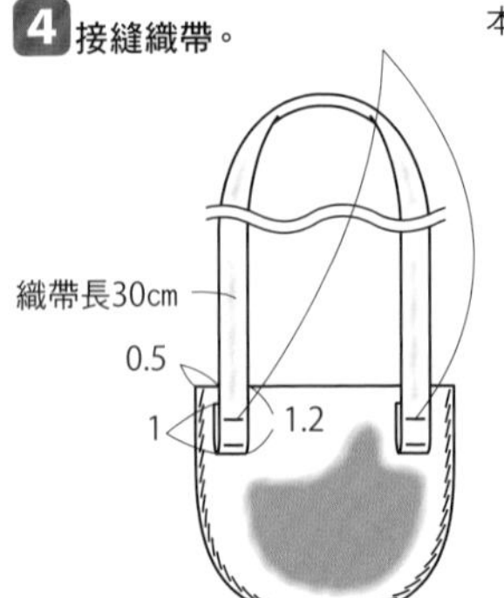

織帶長30cm
0.5
1
1.2

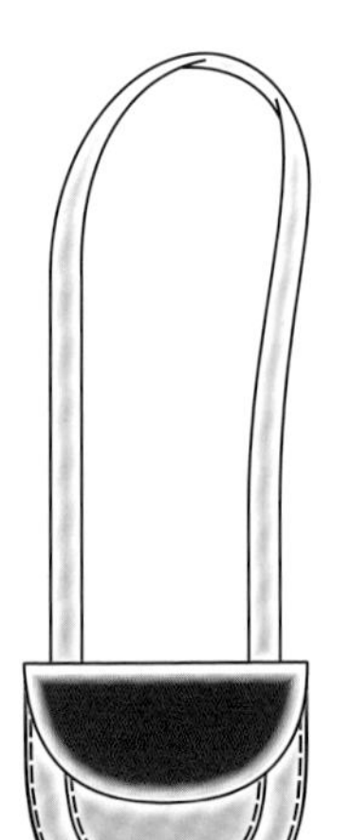

p.14・p.24

69

托特包

材料
紅色不織布 20cm×20cm

裁布圖

不織布

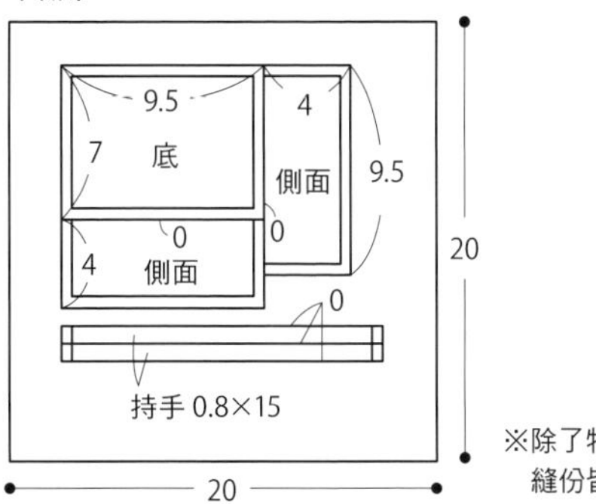
9.5
4
7
底
側面
9.5
0
0
4
側面
20
0
持手 0.8×15
20

※除了特別指定處之外，縫份皆為0.5cm。

1 在側面接縫持手。

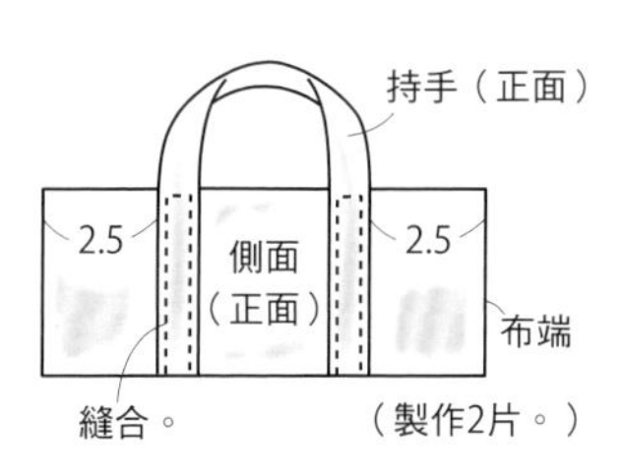
持手（正面）
2.5
側面
（正面）
2.5
布端
縫合。
（製作2片。）

2 將**1**和底部疊起縫合。

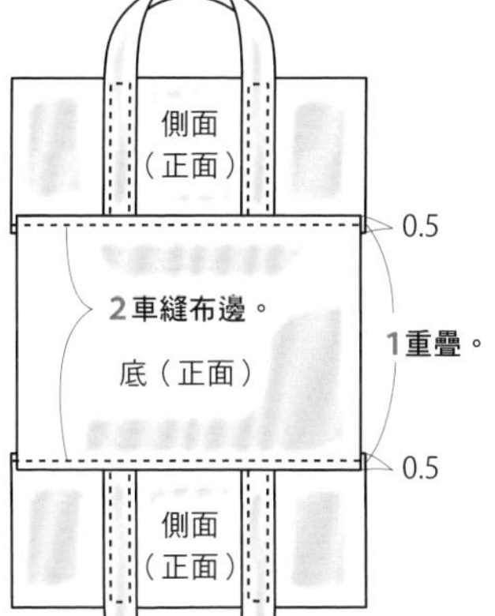
側面
（正面）
0.5
2 車縫布邊。
底（正面）
1 重疊。
0.5
側面
（正面）

3 正面相對對摺，依脇邊→側幅的順序縫合。

※燙開縫份。

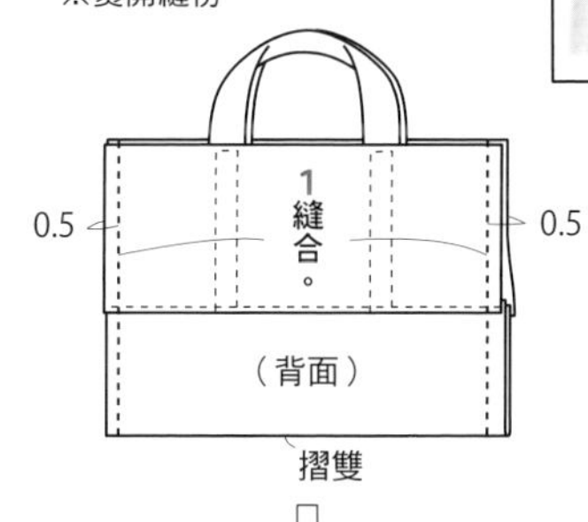
0.5
1
縫
合
。
0.5
（背面）
摺雙

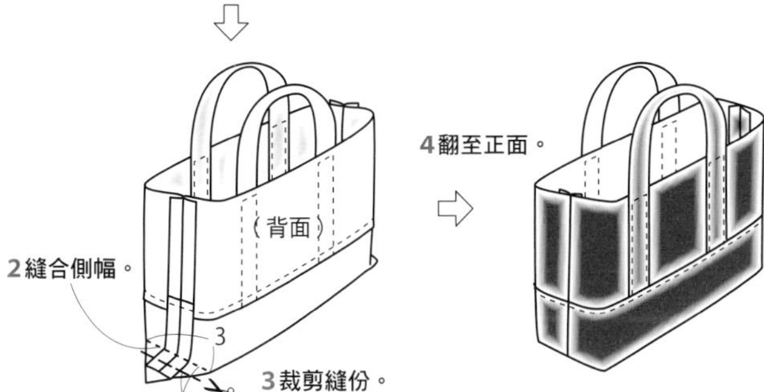
（背面）
2 縫合側幅。
3
0.5
3 裁剪縫份。
4 翻至正面。

p.34

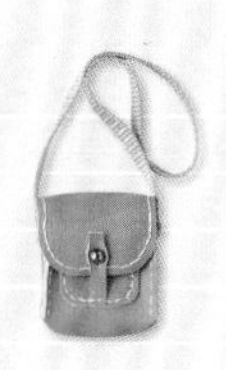

70 側背包

材料
橘色合成皮 15cm×20cm
珠子 直徑0.5cm×1個
織帶 寬1.2cm×40cm・原色繡線

裁布圖（原寸紙型B面）

合成皮

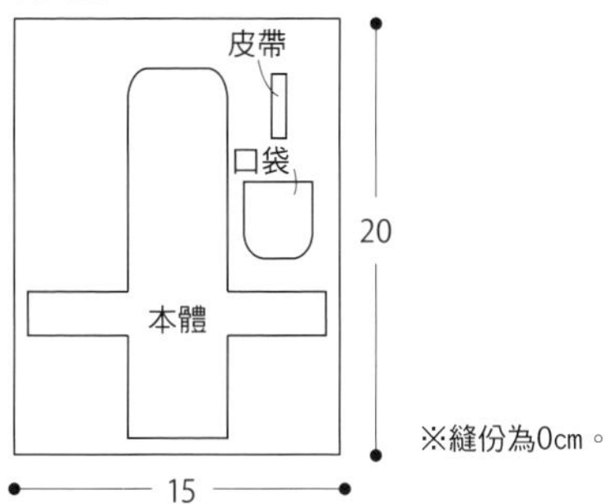
皮帶
口袋
20
本體
15

※縫份為0cm。

1 在皮帶上剪出切口。 **2** 將口袋和**1**重疊於本體上並縫合。

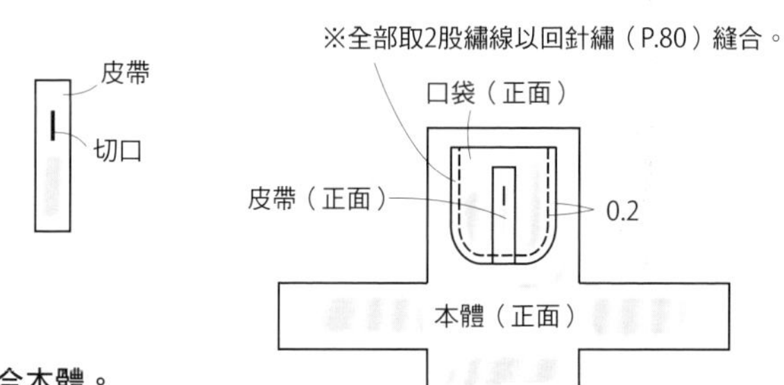
皮帶
切口
※全部取2股繡線以回針繡（P.80）縫合。
口袋（正面）
皮帶（正面）
0.2
本體（正面）

3 縫合本體。

4 接縫持手。

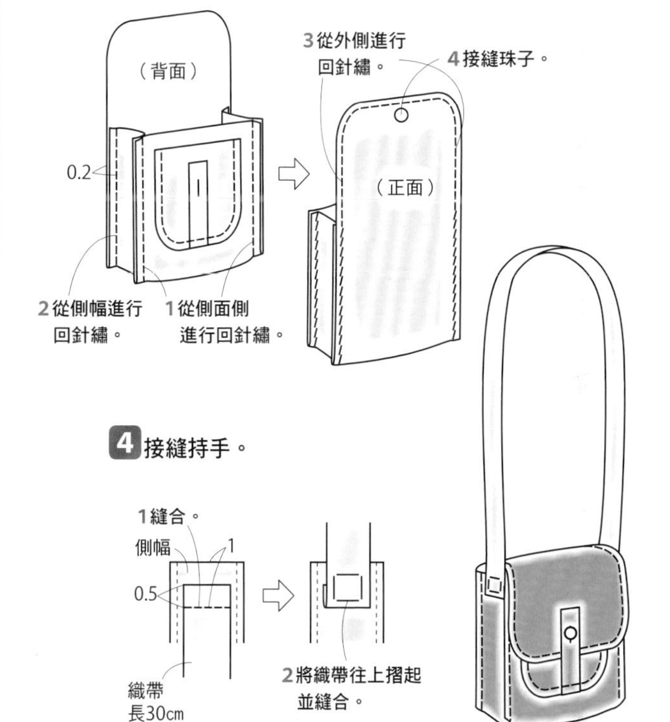
（背面）
0.2
2 從側幅進行回針繡。
1 從側面側進行回針繡。
3 從外側進行回針繡。
4 接縫珠子。
（正面）
1 縫合。
側幅
1
0.5
織帶長30cm
2 將織帶往上摺起並縫合。

71,72 75,76 髮飾・項鍊

材料

71…深粉紅針織布 20cm×15cm・咖啡色鬆緊帶 寬0.6cm×10cm
72…珍珠直徑0.3cm㊅63個・直徑1cm㊀1個
黑色金蔥緞帶 寬1cm×30cm・透明彈性繩 30cm・3號釣魚線 50cm
75…珍珠 直徑0.5cm×32個・暗釦 直徑0.5cm×1組・3號釣魚線 50cm
76…切面珠 直徑0.6cm×28個・暗釦 直徑0.5cm×1組・3號釣魚線 50cm

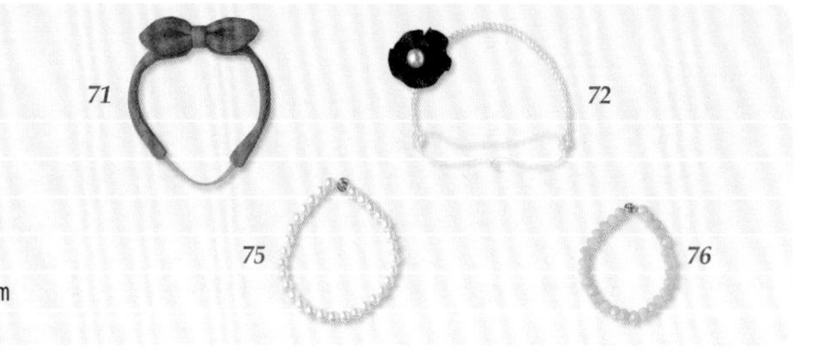
71
72
75
76

71 髮飾

裁布圖（原寸紙型B面）
針織布

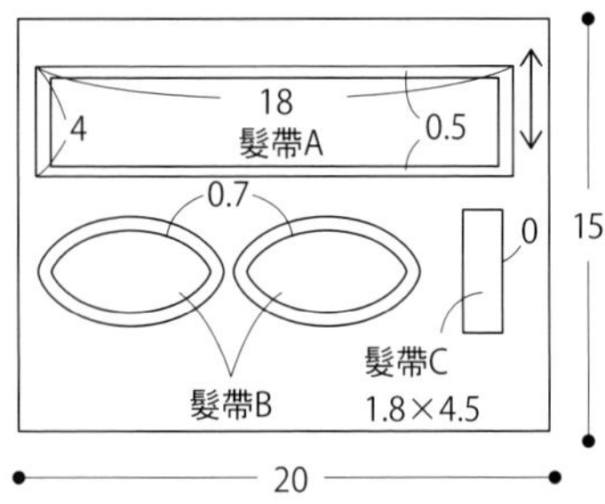
18
4
髮帶A
0.5
0.7
0
15
髮帶C
1.8×4.5
髮帶B
20

※除了特別指定處之外，縫份皆為0.7cm。

1 縫合B。

1正面相對對齊縫合。
※預留返口不縫。

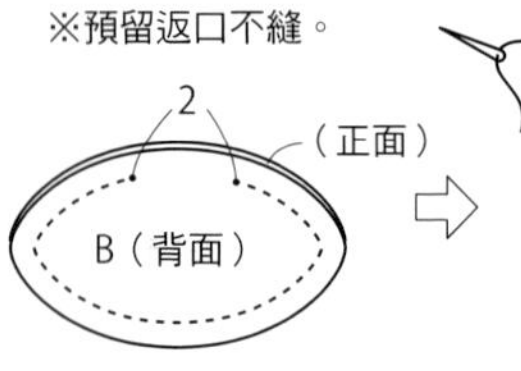
2
（正面）
B（背面）

2從返口翻至正面，再以挑縫縫合返口。

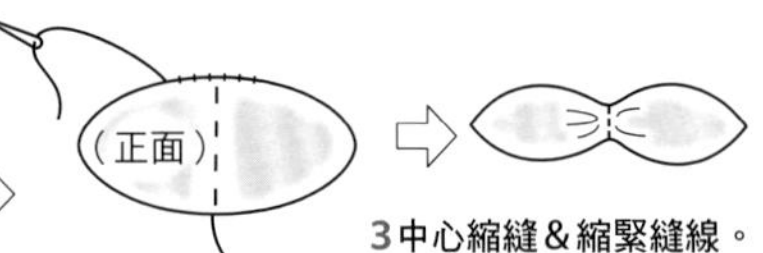
（正面）

3中心縮縫＆縮緊縫線。

2 縫合A。

1預留返口不縫，正面相對對齊縫合。

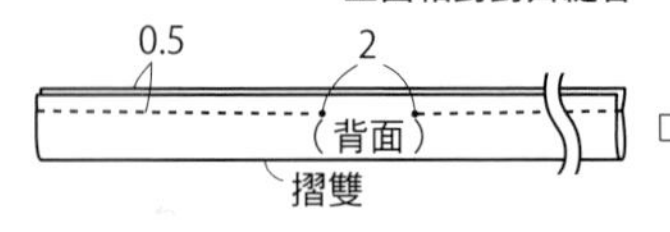
0.5
2
（背面）
摺雙

2從返口翻至正面，再以挑縫縫合返口。

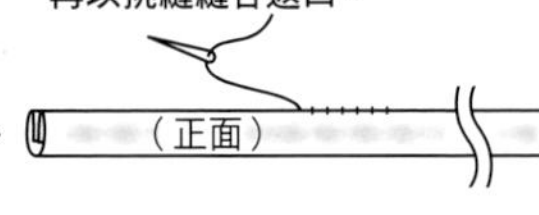
（正面）

3 將B重疊於A的中心，並捲上C縫合固定。

2兩端內摺0.7cm後疊合。
1將C摺三褶。
B
（正面）
A
摺雙

4 接縫鬆緊帶。

A
0.7
1將開口縫份往內摺入0.7cm。
2穿入鬆緊帶（長6.5cm）後挑縫固定。
3另一側也以相同方式接縫。

72 髮飾

1 以珍珠製作項鍊基底。（P.71 63 **2**）

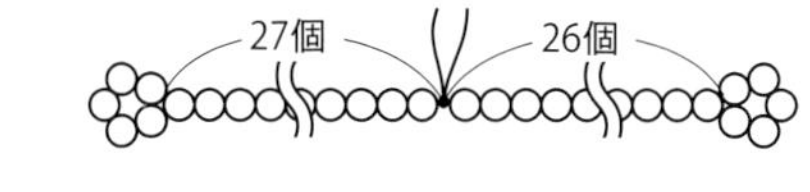
27個
26個

2 製作花朵。

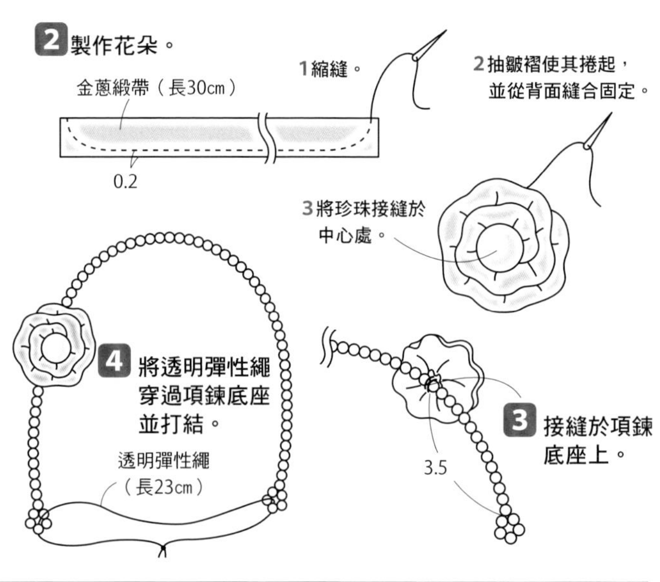
1縮縫。
2抽皺褶使其捲起，並從背面縫合固定。
金蔥緞帶（長30cm）
0.2
3將珍珠接縫於中心處。
4 將透明彈性繩穿過項鍊底座並打結。
透明彈性繩（長23cm）
3 接縫於項鍊底座上。
3.5

75 項鍊

1 將釣魚線綑綁固定於暗釦。

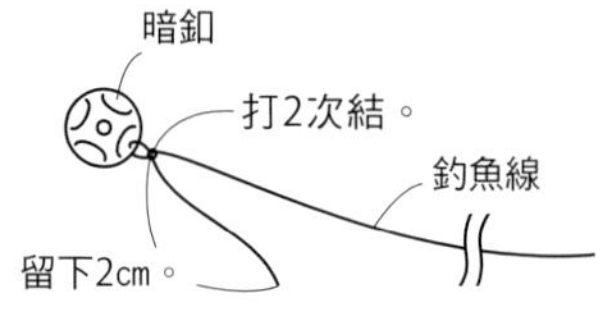
暗釦
打2次結。
釣魚線
留下2cm。

2 穿入珍珠。

3 將釣魚線穿過暗釦。

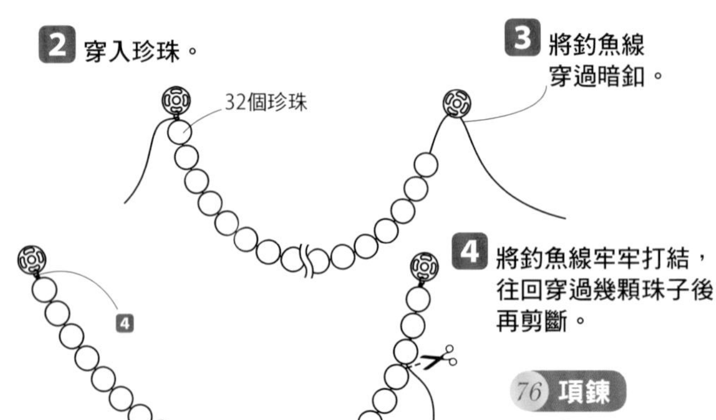
32個珍珠
4

4 將釣魚線牢牢打結，往回穿過幾顆珠子後再剪斷。

76 項鍊

以75相同的作法，取28顆切面珠進行製作。

73-p.26 74-p.19 77-p.33

73,74 77

髮飾

材料

73…粉紅色羅紋緞帶 寬2cm×20cm／寬0.8cm×30cm・暗釦 直徑0.5cm×1組
74…黃色漆皮布 1.5cm×15cm・橘色羅紋織帶 寬0.8cm×30cm
暗釦 直徑0.5cm×1組
77…淺粉紅色羅紋緞帶 寬1.5cm×30cm
珍珠 直徑0.4cm×7個・長4cm的BB 夾 1個

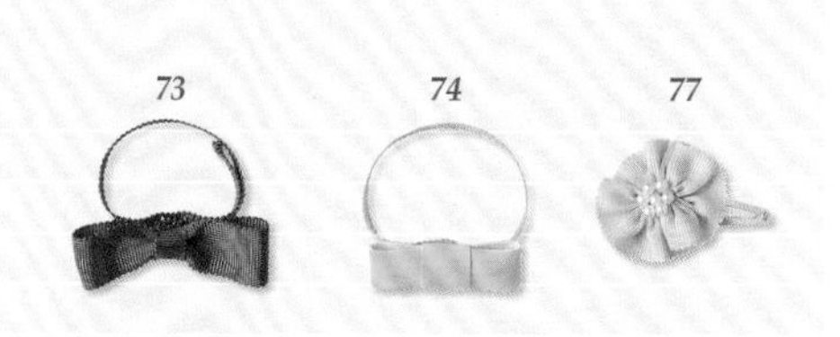
73
74
77

73 髮飾

1 製作蝴蝶結。

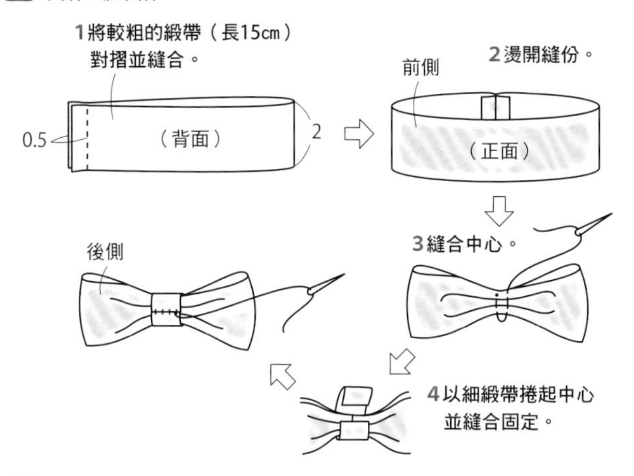
1將較粗的緞帶（長15cm）
對摺並縫合。
0.5
（背面）
2
前側
2燙開縫份。
（正面）
3縫合中心。
後側
4以細緞帶捲起中心
並縫合固定。

2 在細緞帶上縫上暗釦，再接縫於**1**。

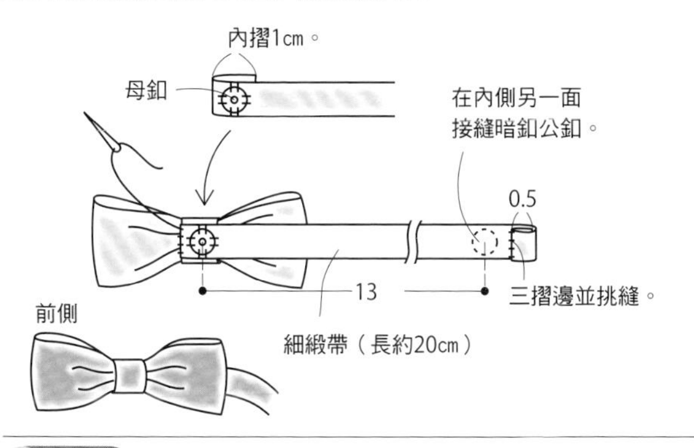
內摺1cm。
母釦
在內側另一面
接縫暗釦公釦。
0.5
13
三摺邊並挑縫。
前側
細緞帶（長約20cm）

74 髮飾

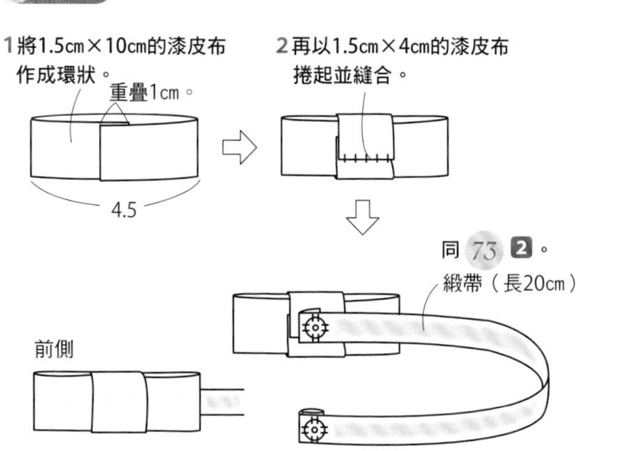
1將1.5cm×10cm的漆皮布
作成環狀。
重疊1cm。
4.5
2再以1.5cm×4cm的漆皮布
捲起並縫合。
同 73 2。
緞帶（長20cm）
前側

77 髮飾

1 製作花朵。

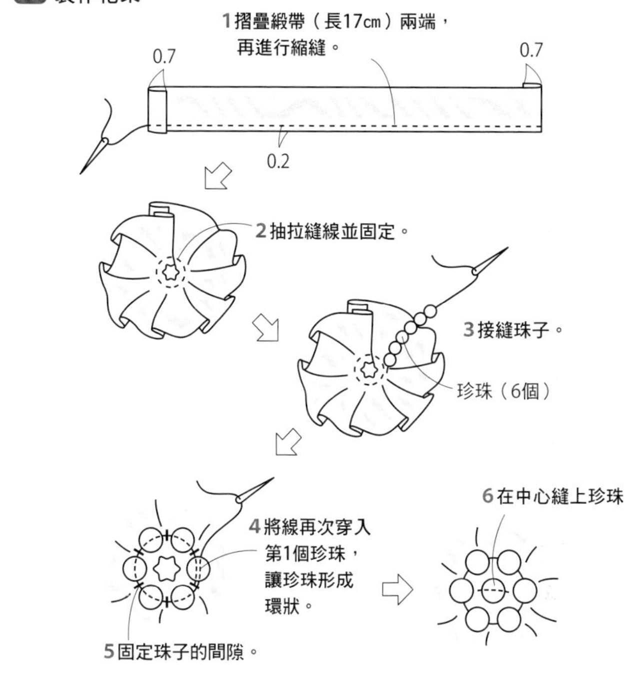
1摺疊緞帶（長17cm）兩端，
再進行縮縫。
0.7
0.7
0.2
2抽拉縫線並固定。
3接縫珠子。
珍珠（6個）
4將線再次穿入
第1個珍珠，
讓珍珠形成
環狀。
5固定珠子的間隙。
6在中心縫上珍珠

2 將緞帶縫合固定於BB 夾上。

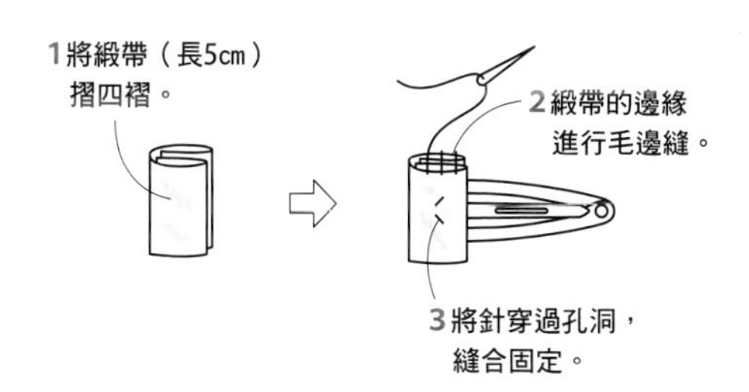
1將緞帶（長5cm）
摺四褶。
2緞帶的邊緣
進行毛邊縫。
3將針穿過孔洞，
縫合固定。

3 縫合固定花朵。

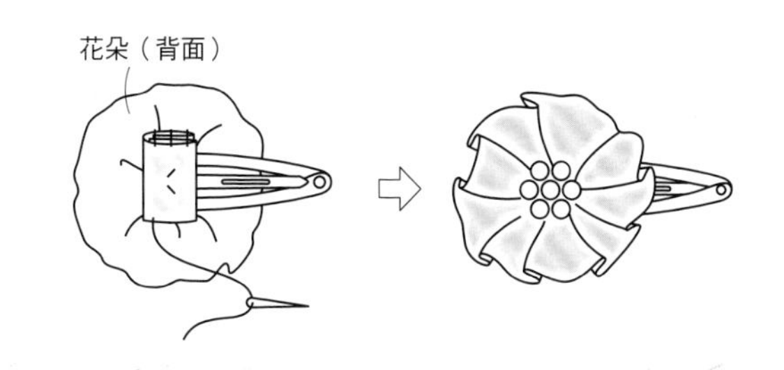
花朵（背面）

78,79 80

鞋子・蝴蝶結・兔子

材料

78…黑色不織布 15cm×20cm
79…藍色亮面緞帶 寬1.2cm×30cm
寬0.9cm×5cm
透明彈性繩 50cm

80…不織布 原色30cm×25cm・紅色5cm×5cm
白色15cm×15cm・粉紅色6cm×6cm
藍色緞帶 寬1.2cm×20cm
直徑0.4cm半圓形眼睛（蘑菇釦）2個
粉紅色鐵絲 0.9cm×30cm
棉花・咖啡色繡線

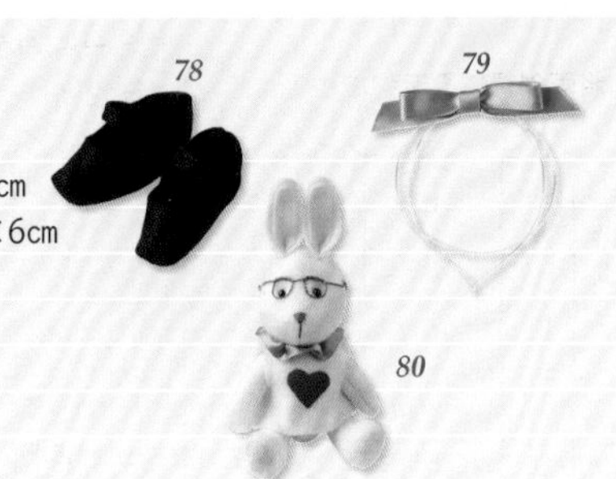
78
79
80

78 鞋子

裁布圖（原寸紙型B面）

不織布

0.7
0
20
15
鞋帶0.7cm×6cm×2片

1 縫合固定鞋帶。

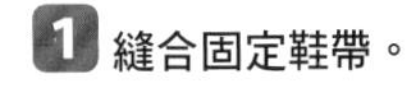
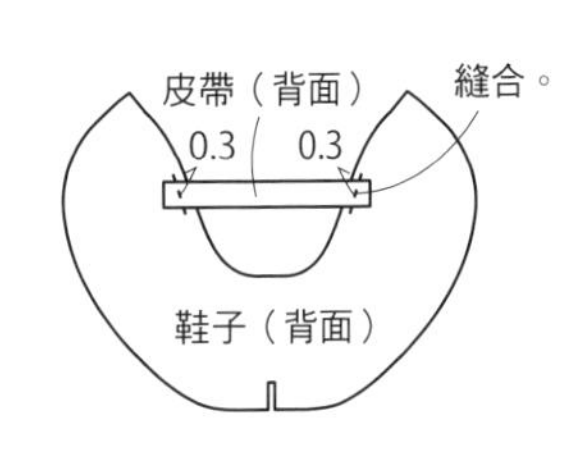
皮帶（背面）
0.3
0.3
縫合。
鞋子（背面）

2 正面相對對摺縫合。

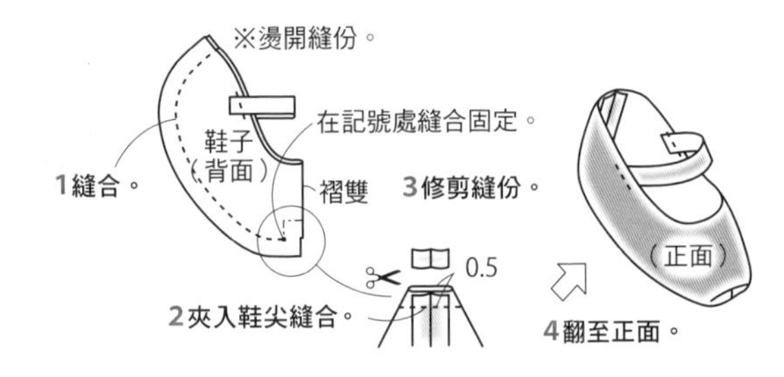
※燙開縫份。
在記號處縫合固定。
鞋子（背面）
1縫合。
褶雙
3修剪縫份。
0.5
2夾入鞋尖縫合。
（正面）
4翻至正面。

79 蝴蝶結

1 製作蝴蝶結。

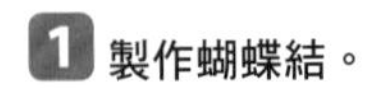
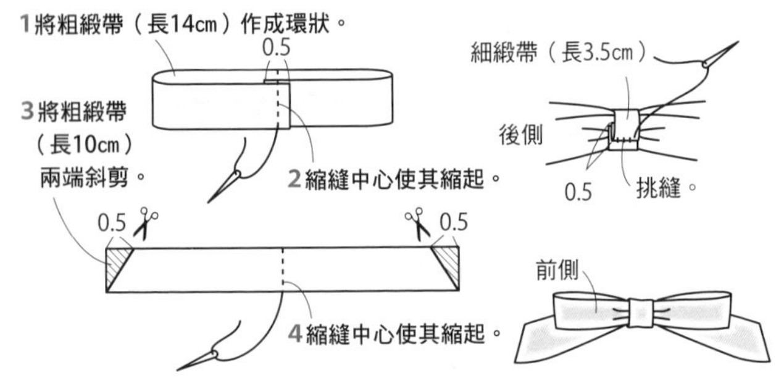
1將粗緞帶（長14cm）作成環狀。
0.5
3將粗緞帶（長10cm）兩端斜剪。
2縮縫中心使其縮起。
0.5
0.5
4縮縫中心使其縮起。
5 將2條緞帶重疊，再以細緞帶捲起後挑縫。
細緞帶（長3.5cm）
後側
0.5
挑縫。
前側

2 在細緞帶的後側穿入透明繩。

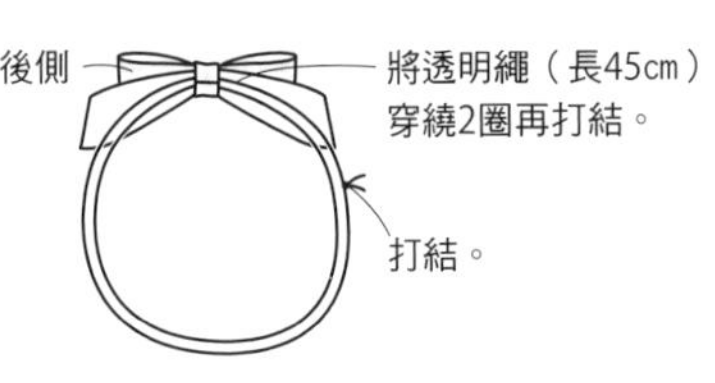
後側
將透明繩（長45cm）穿繞2圈再打結。
打結。

接續P.50 圍裙

材料參見P.49。

裁布圖（原寸紙型B面）

素色布

※除了特別指定處之外，縫份皆為0.7cm。

裙片
腰帶
胸兜
1
1
蝴蝶結A
7.5
21.5
蝴蝶結B
蝴蝶結C 2.2×5
30
55

1 縫合裙片。

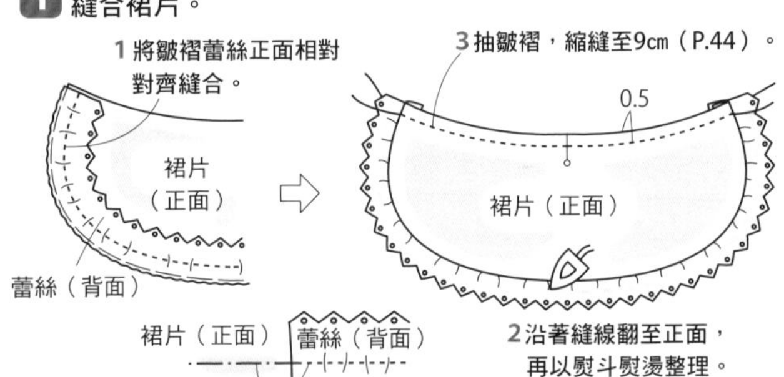
1 將皺褶蕾絲正面相對對齊縫合。
裙片（正面）
蕾絲（背面）
3抽皺褶，縮縫至9cm（P.44）。
0.5
裙片（正面）
2沿著縫線翻至正面，再以熨斗熨燙整理。
裙片（正面）
蕾絲（背面）
※將蕾絲的皺褶車縫線和完成線對齊。

2 製作胸兜。

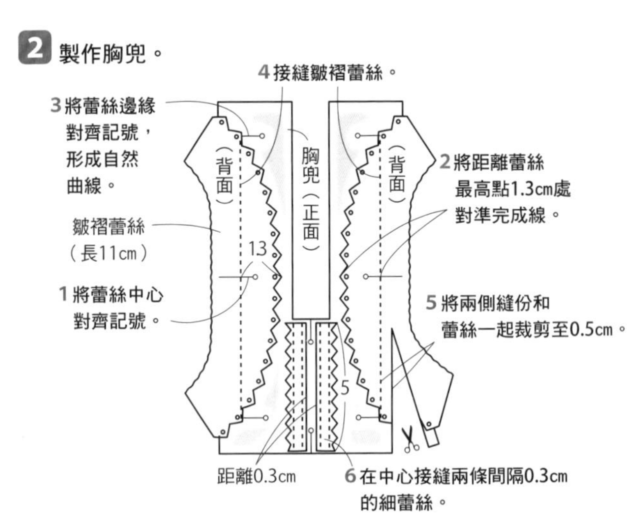
4接縫皺褶蕾絲。
3將蕾絲邊緣對齊記號，形成自然曲線。
（背面）
胸兜（正面）
（背面）
2將距離蕾絲最高點1.3cm處對準完成線。
皺褶蕾絲（長11cm）
13
1將蕾絲中心對齊記號。
5將兩側縫份和蕾絲一起裁剪至0.5cm。
5
距離0.3cm
6在中心接縫兩條間隔0.3cm的細蕾絲。

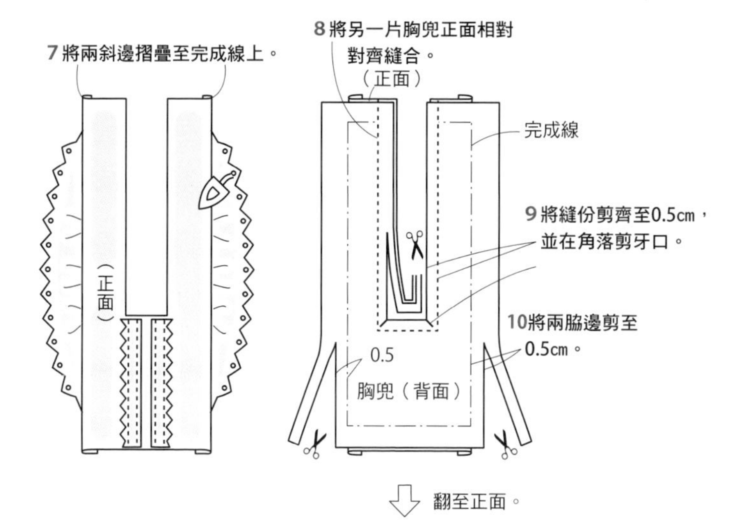
7 將兩斜邊摺疊至完成線上。
8 將另一片胸兜正面相對
對齊縫合。
（正面）
完成線
9 將縫份剪齊至0.5㎝，
並在角落剪牙口。
（正面）
10將兩脇邊剪至
0.5㎝。
0.5
胸兜（背面）
翻至正面。

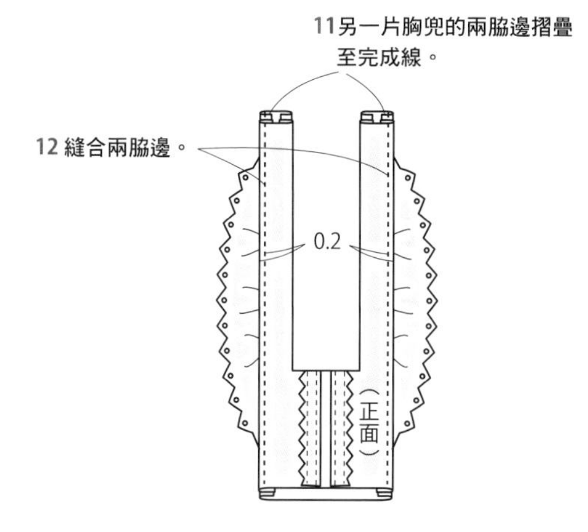
11另一片胸兜的兩脇邊摺疊
至完成線。
12 縫合兩脇邊。
0.2
（正面）

3 將裙片和腰帶正面相對縫合。

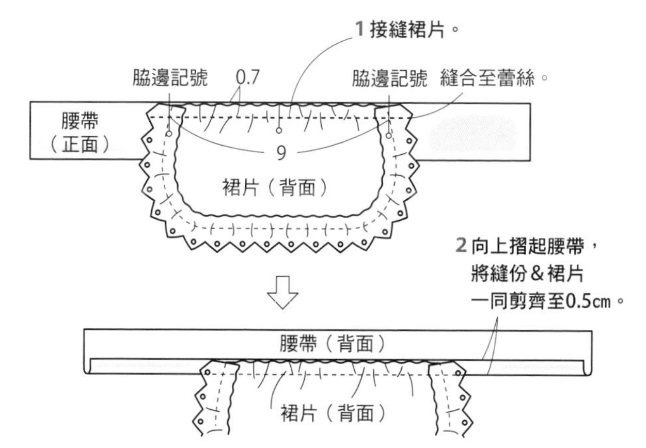
1 接縫裙片。
脇邊記號
0.7
脇邊記號
縫合至蕾絲。
腰帶
（正面）
9
裙片（背面）
2 向上摺起腰帶，
將縫份＆裙片
一同剪齊至0.5㎝。
腰帶（背面）
裙片（背面）

4 將胸兜＆肩帶暫時疏縫固定於腰帶上。

※需注意勿扭轉肩帶。

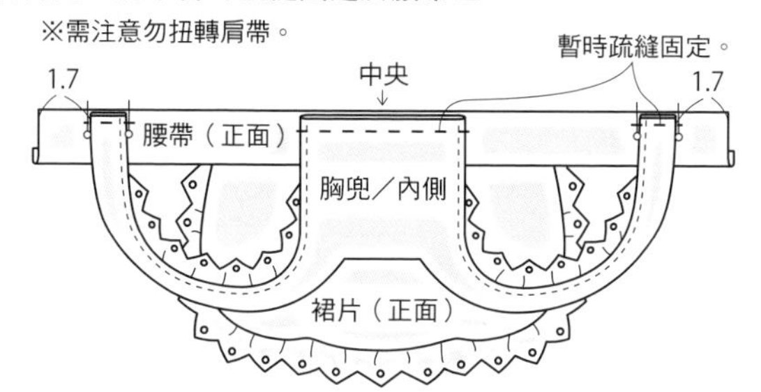
暫時疏縫固定。
1.7
中央
1.7
腰帶（正面）
胸兜／內側
裙片（正面）

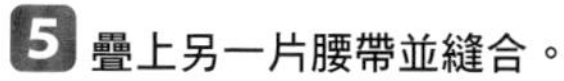

5 疊上另一片腰帶並縫合。

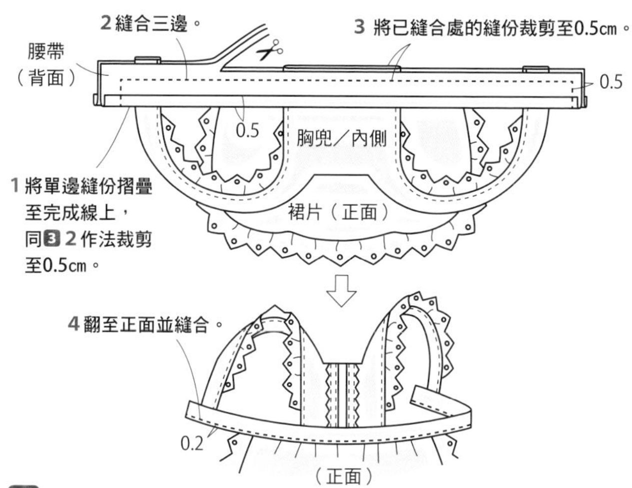
2 縫合三邊。
3 將已縫合處的縫份裁剪至0.5㎝。
腰帶
（背面）
0.5
0.5
胸兜／內側
1 將單邊縫份摺疊
至完成線上，
同3 2 作法裁剪
至0.5㎝。
裙片（正面）
4 翻至正面並縫合。
0.2
（正面）

6 製作蝴蝶結A・B。

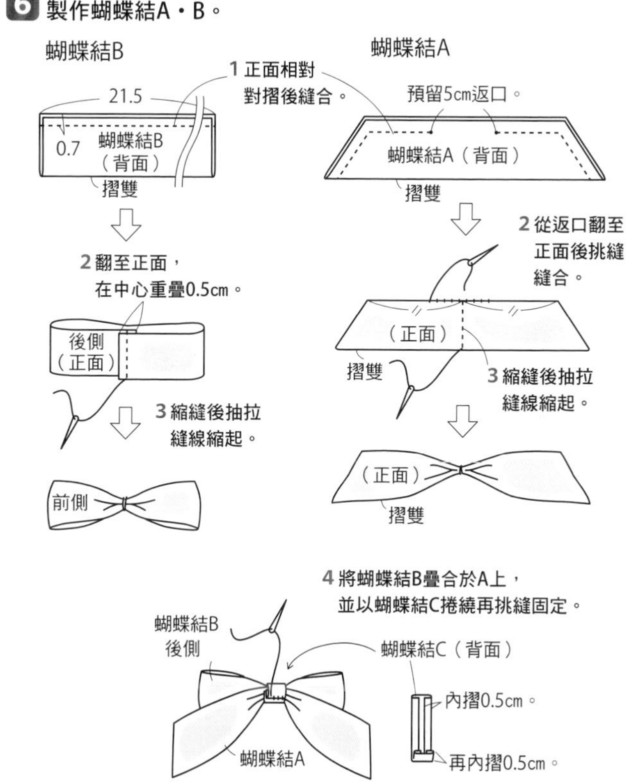
蝴蝶結B
蝴蝶結A
1 正面相對
對摺後縫合。
21.5
預留5㎝返口。
0.7
蝴蝶結B
（背面）
蝴蝶結A（背面）
摺雙
摺雙
2 從返口翻至
正面後挑縫
縫合。
2 翻至正面，
在中心重疊0.5㎝。
後側
（正面）
（正面）
摺雙
3 縮縫後抽拉
縫線縮起。
3 縮縫後抽拉
縫線縮起。
前側
（正面）
摺雙
4 將蝴蝶結B疊合於A上，
並以蝴蝶結C捲繞再挑縫固定。
蝴蝶結B
後側
蝴蝶結C（背面）
內摺0.5㎝。
蝴蝶結A
再內摺0.5㎝。

7 將暗釦＆緞帶縫於腰帶上。

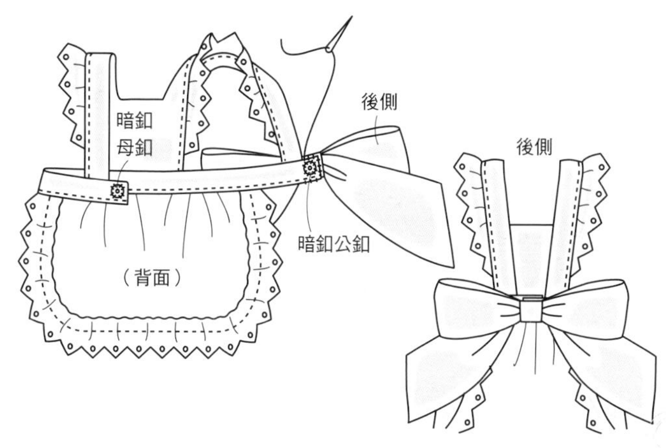
暗釦
母釦
後側
暗釦公釦
（背面）
後側

80 兔子

裁布圖（原寸紙型B面）

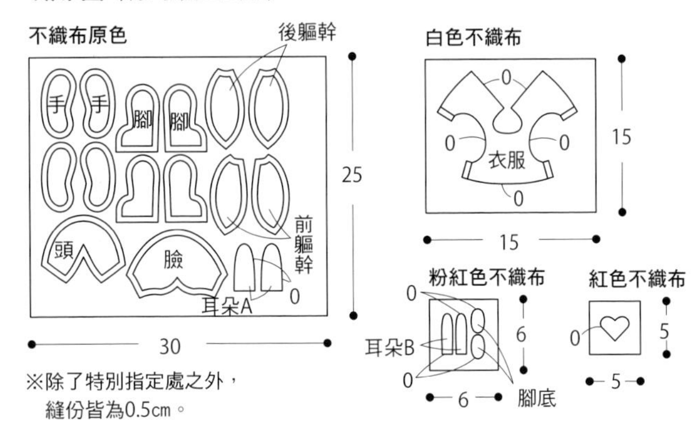

不織布原色
後軀幹
手
手
腳
腳
前軀幹
頭
臉
耳朵A
0
25
30
白色不織布
0
0
0
衣服
0
15
15
粉紅色不織布
0
耳朵B
0
6
6
腳底
紅色不織布
0
5
5

※除了特別指定處之外，縫份皆為0.5cm。

1 縫合各部件。

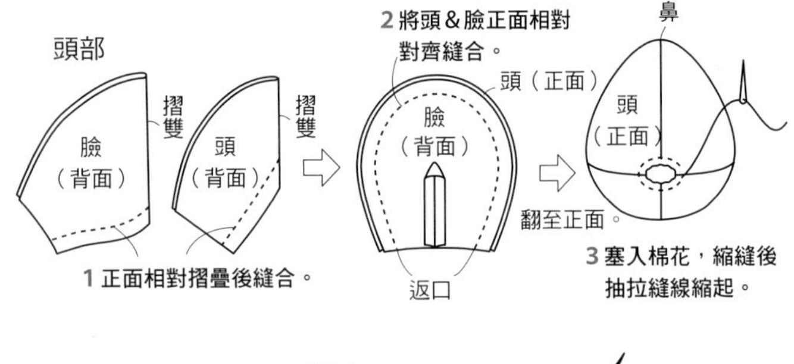

頭部
臉（背面）
摺雙
頭（背面）
摺雙
1 正面相對摺疊後縫合。
2 將頭＆臉正面相對對齊縫合。
頭（正面）
臉（背面）
返口
鼻
頭（正面）
翻至正面。
3 塞入棉花，縮縫後抽拉縫線縮起。

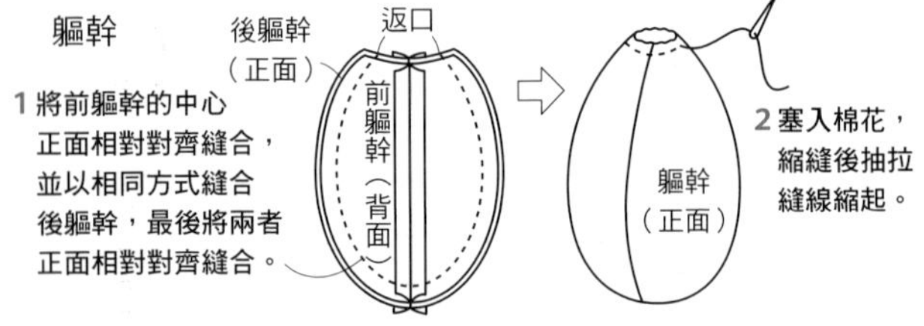

軀幹
後軀幹（正面）
返口
前軀幹（背面）
1 將前軀幹的中心正面相對對齊縫合，並以相同方式縫合後軀幹，最後將兩者正面相對對齊縫合。
軀幹（正面）
2 塞入棉花，縮縫後抽拉縫線縮起。

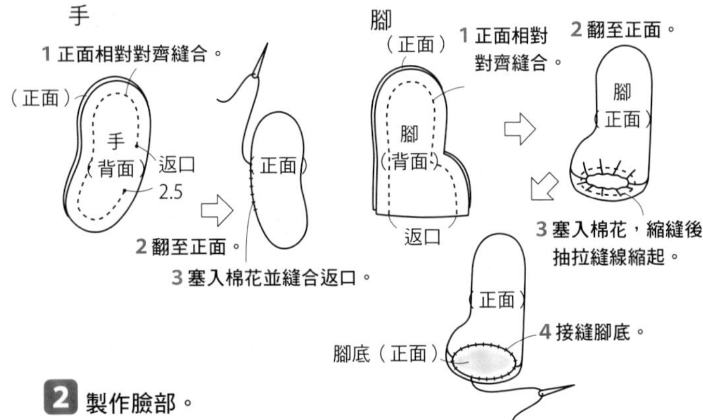

手
1 正面相對對齊縫合。
（正面）
手（背面）
返口
2.5
正面
2 翻至正面。
3 塞入棉花並縫合返口。
腳
（正面）
1 正面相對對齊縫合。
2 翻至正面。
腳（背面）
返口
腳（正面）
3 塞入棉花，縮縫後抽拉縫線縮起。
正面
4 接縫腳底。
腳底（正面）

2 製作臉部。

1 刺繡（取2股繡線）。

〈原寸紙型〉

緞面繡（P.80）

※將縫線一端對齊鼻子下緣。

直針繡（P.80）

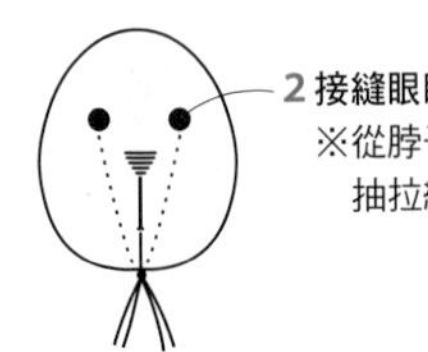

2 接縫眼睛。

※從脖子縫線處入針，抽拉縫線讓眼睛陷入後打結。

3 接縫耳朵。

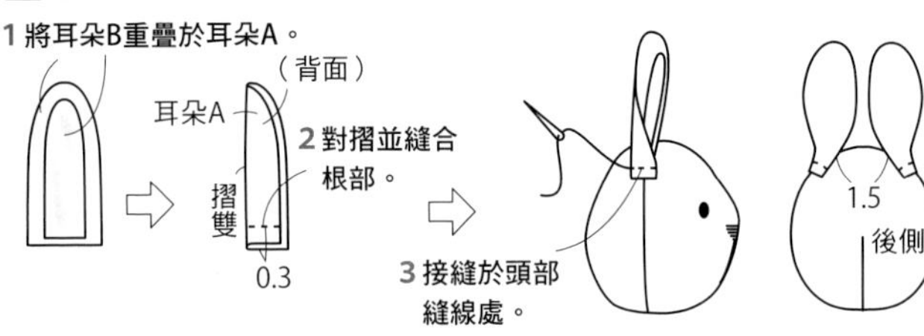

1 將耳朵B重疊於耳朵A。
（背面）
耳朵A
2 對摺並縫合根部。
摺雙
0.3
3 接縫於頭部縫線處。

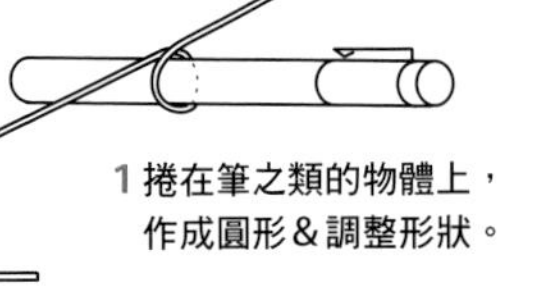

1.5
後側

4 製作眼鏡。

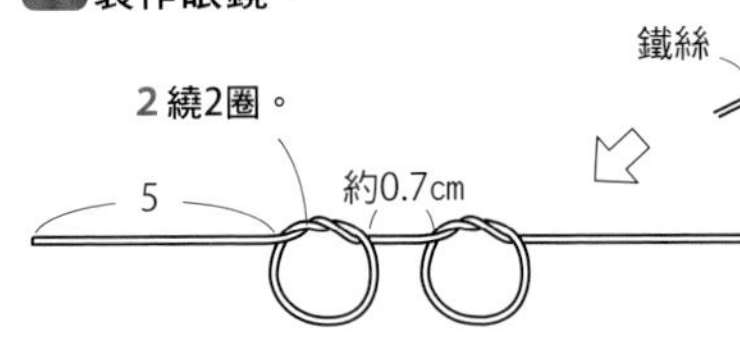

鐵絲

1 捲在筆之類的物體上，作成圓形＆調整形狀。

2 繞2圈。

5　約0.7cm

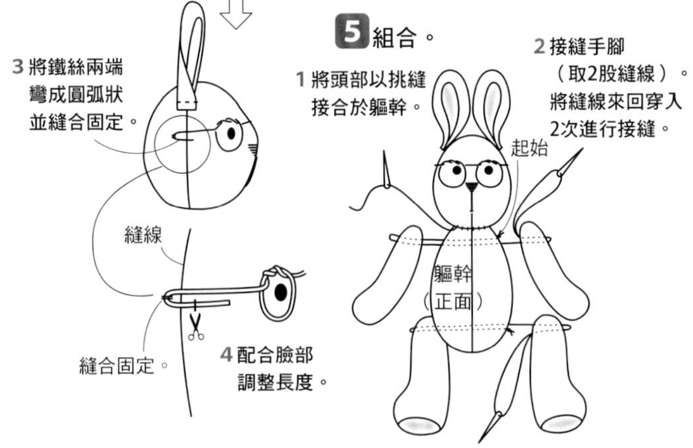

3 將鐵絲兩端彎成圓弧狀並縫合固定。
縫線
縫合固定。
4 配合臉部調整長度。
5 組合。
1 將頭部以挑縫接合於軀幹。
2 接縫手腳（取2股縫線）。將縫線來回穿入2次進行接縫。
起始
軀幹（正面）

6 製作衣服。

1 將前後身片正面相對對齊，縫合脇邊。

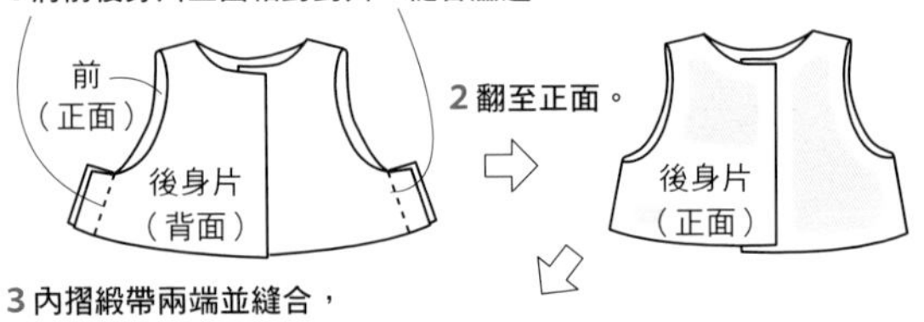

前（正面）
後身片（背面）
2 翻至正面。
後身片（正面）

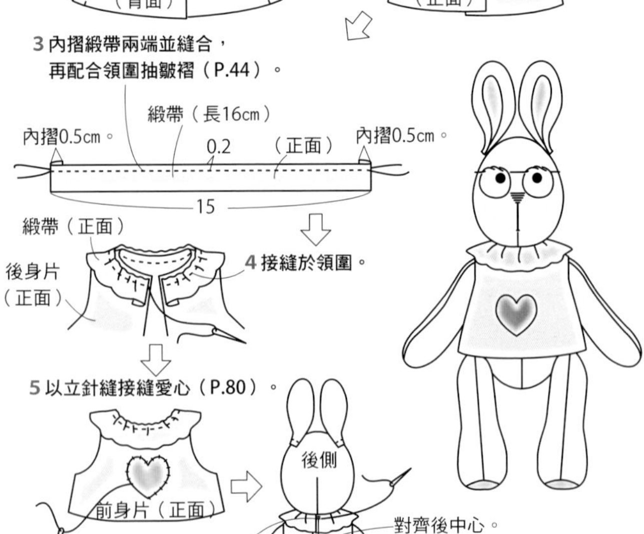

3 內摺緞帶兩端並縫合，再配合領圍抽皺褶（P.44）。
緞帶（長16cm）
內摺0.5cm。
0.2
（正面）
內摺0.5cm。
15
緞帶（正面）
後身片（正面）
4 接縫於領圍。
5 以立針縫接縫愛心（P.80）。
前身片（正面）
後側
對齊後中心。
6 穿在兔子身上，並於後側縫合固定。

81 愛犬COCO

材料
咖啡色不織布 20cm×20cm
粉紅色點點緞帶 寬0.9cm×20cm
直徑0.4cm的半圓形眼睛（蘑菇釦）2個
暗釦 直徑0.5cm×1組
棉花・深咖啡色繡線

裁布圖（原寸紙型B面）

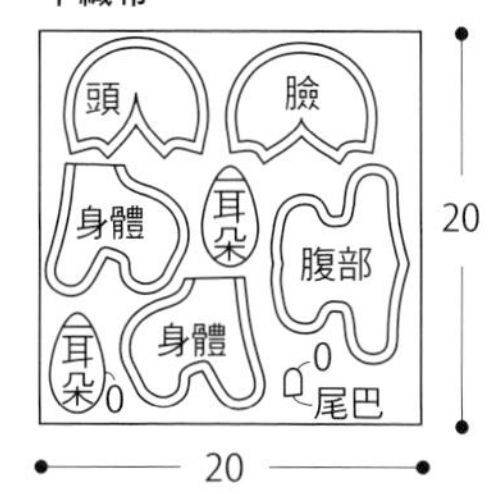
不織布
頭
臉
身體
耳朵
腹部
耳朵
身體
尾巴
20
20

※除了特別指定處之外，縫份皆為0.5cm。

1 製作身體。

1 將腹部正面相對對摺後，縫合褶襉。

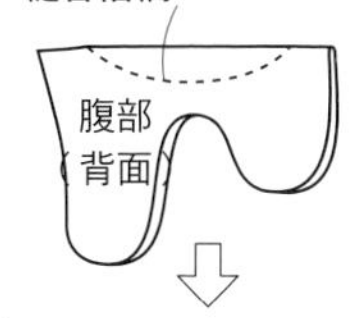
腹部
背面

2 將身體&腹部正面相對對齊縫合。
3 對齊另一片身體，另一側也以相同方式縫合。
身體（正面）
腹部（背面）
縫合固定至記號處為止。

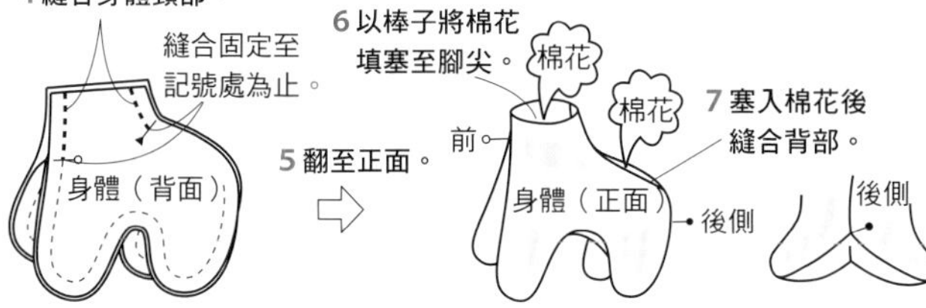
4 縫合身體頸部。
縫合固定至記號處為止。
身體（背面）
5 翻至正面。
6 以棒子將棉花填塞至腳尖。
棉花
棉花
前
身體（正面）
後側
7 塞入棉花後縫合背部。
後側

2 製作頭部。

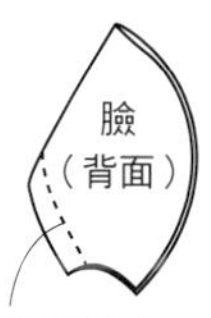
臉
（背面）

1 對摺後縫合。
頭部也以相同方式縫合。
※使縫份倒向同一側。

2 將頭&臉正面相對對齊縫合。
臉（正面）
頭（背面）
頭（正面）
3 塞入棉花後，在頸部完成線上進行縮縫（先不縮起）。
棉花

3 將身體插入頭內並挑縫。

※沿著頭部縮縫線（2 3）挑縫。

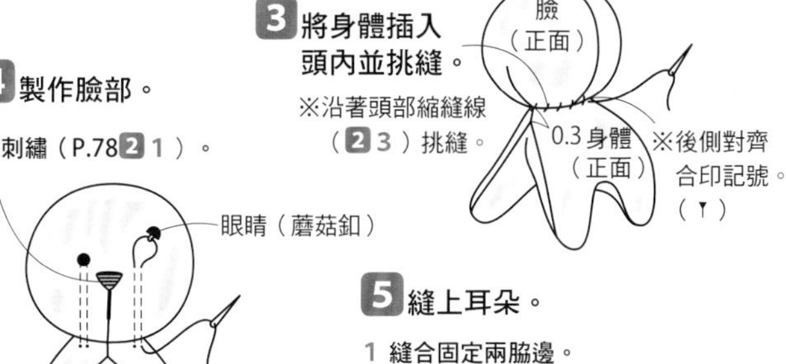
臉
（正面）
0.3
身體
（正面）
※後側對齊合印記號。
眼睛（蘑菇釦）

4 製作臉部。

1 刺繡（P.78 2 1）。

2 接縫眼睛。
從脖子縫線入針，緊拉縫線，讓眼睛往內嵌。

5 縫上耳朵。

1 縫合固定兩脇邊。
2 摺疊&挑縫縫份

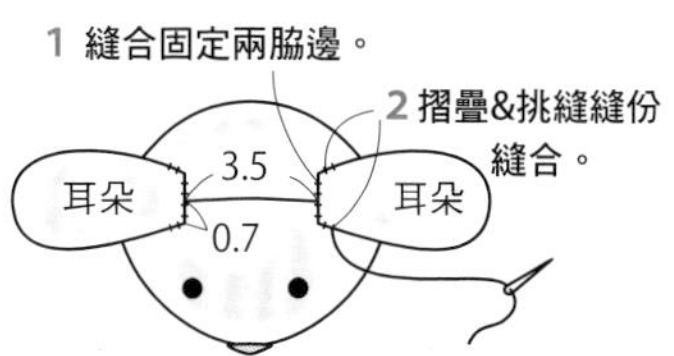
耳朵
3.5
0.7
耳朵

6 將尾巴接縫於臀部。

7 製作&接縫項圈（P.75 73 2）。

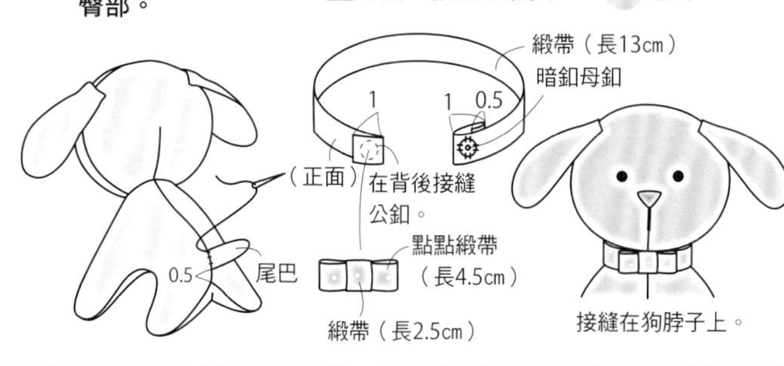
（正面）
0.5
尾巴
緞帶（長13cm）
暗釦母釦
1
1
0.5
在背後接縫公釦。
點點緞帶
（長4.5cm）
緞帶（長2.5cm）
接縫在狗脖子上。

ANNA頭髮の作法

稍細毛線 深咖啡色25g

1 接縫瀏海（同P.37 1 至 7 相同）

2 將後側頭髮暫時固定後縫合。

1 將毛線纏繞於長度26cm的厚紙卡上約65圈，製作後側頭髮。

2 同P.37 2 至 4，在瀏海交界處縫上另一條10cm長的繩子，讓毛線圈通過一半長度。

3 同P.38 5，沿著 2 縫上的另一條繩子回針縫。

4 同P.38 6，使毛線倒向後側，在 3 的縫線後方0.2cm處進行回針縫。

10
前側
瀏海
0.2
後側頭髮
此處先不要剪斷。

3 接縫兩側頭髮。

1 在長度29cm的厚紙卡上，以毛線纏繞30圈，製作側邊頭髮。

2 將側邊頭髮放在盡量蓋住瀏海和後側頭髮縫線的位置上，同瀏海作法暫時拉出另一條毛線跨越，再以回針縫固定。

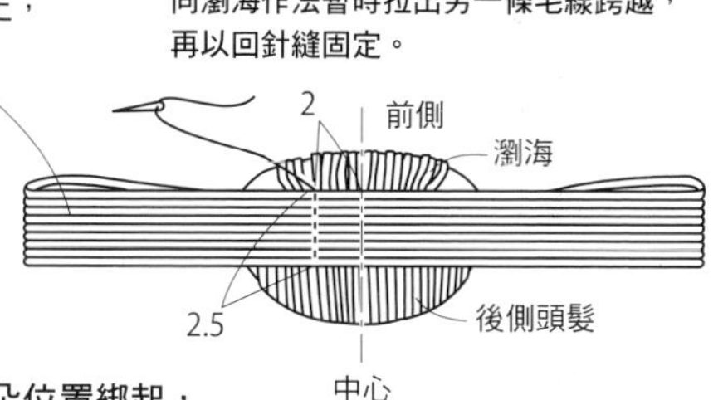
2
前側
瀏海
2.5
後側頭髮
中心

4 將側邊頭髮在耳朵位置綁起，並以毛線固定於頭部。

1 在圖示位置穿過毛線（2股線），並捲起側邊頭髮。

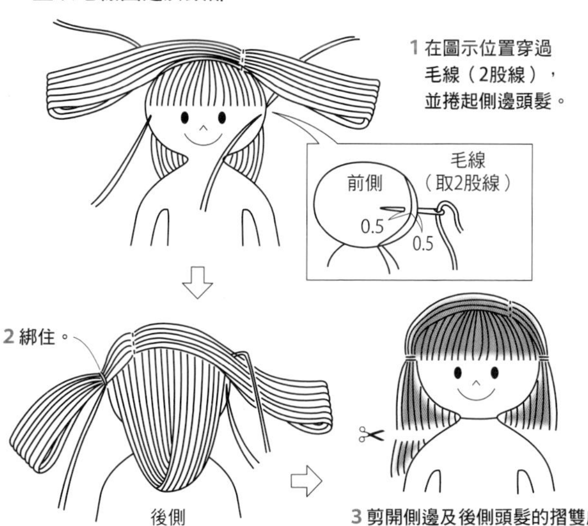
毛線
（取2股線）
前側
0.5
0.5
2 綁住。
後側

3 剪開側邊及後側頭髮的摺雙處，以梳子整理頭髮，再依喜好長度將髮尾修剪整齊。

製作NINA和ANNA服裝時使用の

手縫技巧

縫法&刺繡

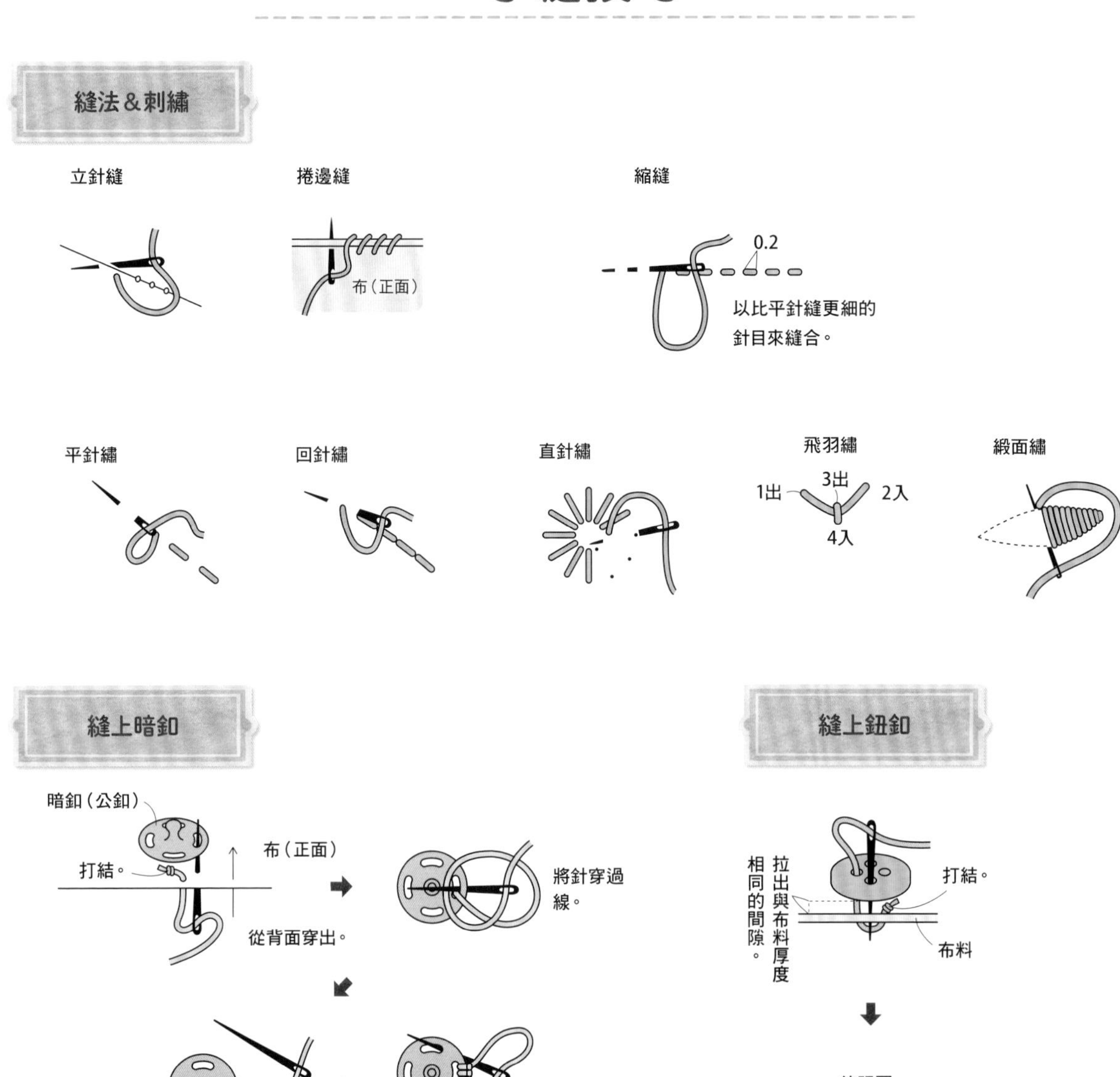

立針縫
捲邊縫
布(正面)
縮縫
0.2
以比平針縫更細的
針目來縫合。
平針繡
回針繡
直針繡
飛羽繡
1出
3出
2入
4入
緞面繡
縫上暗釦
暗釦(公釦)
打結。
布(正面)
從背面穿出。
將針穿過
線。
拉出縫線。
穿縫3次後
穿入下1個洞。

縫上鈕釦

拉出與布料厚度相同的間隙。
打結。
布料
俯視圖
各自穿縫2次。

讓針從鈕釦下
穿出並打結。

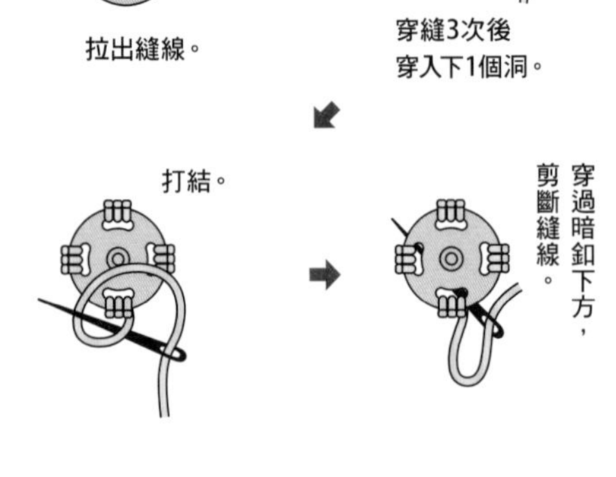

打結。
穿過暗釦下方,剪斷縫線。

※暗釦(母釦)也以相同方式手縫固定。

NINA原寸紙型（作法參見p.36）

材料
白布75cm×30cm・單膠布襯10cm×10cm・稍細毛線紅棕色25g・棉花50g・咖啡色繡線・粉紅色繡線

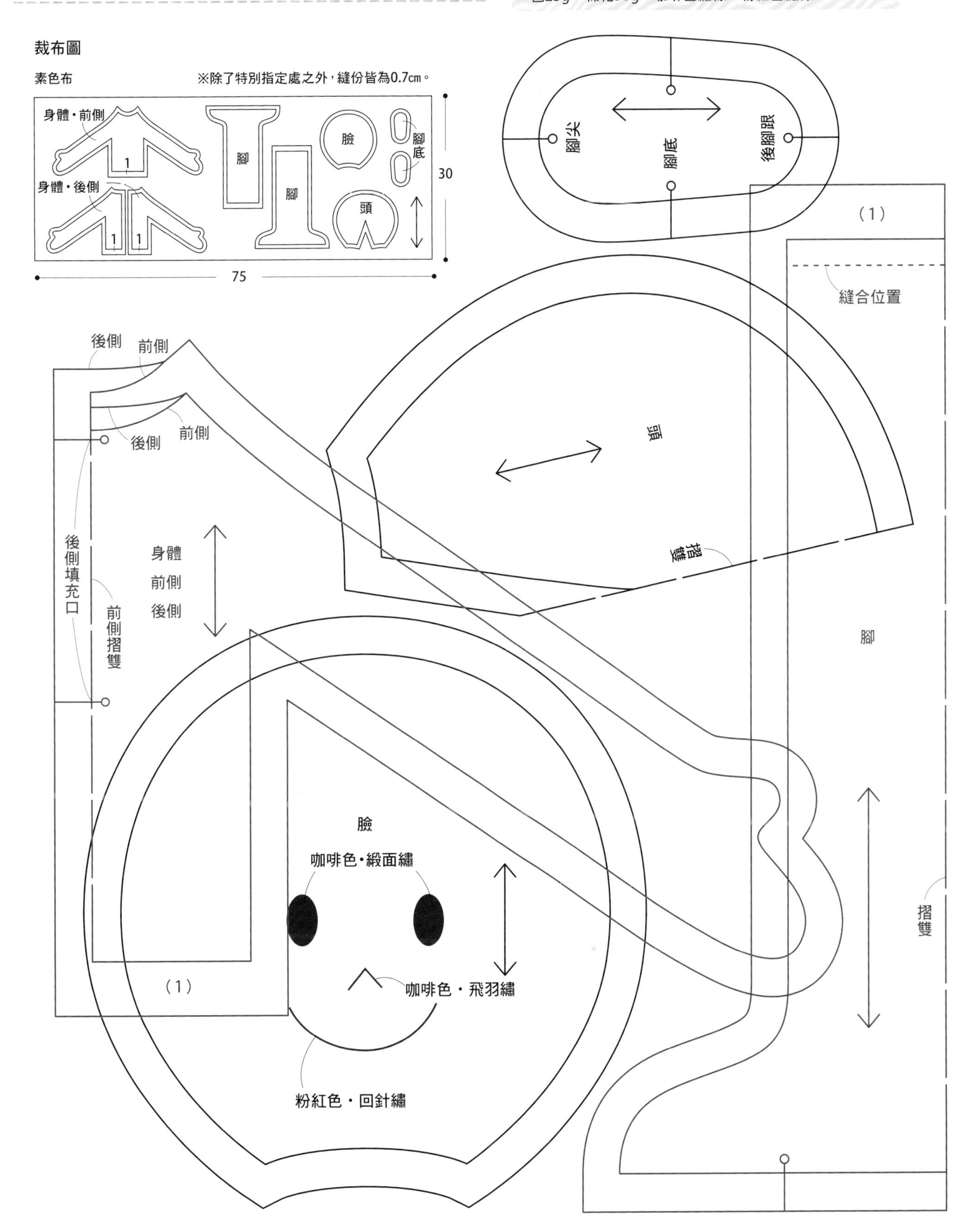

裁布圖
素色布
※除了特別指定處之外，縫份皆為0.7cm。
身體・前側
身體・後側
1
1
1
腳
腳
臉
頭
腳底
30
75
腳尖
腳底
後腳跟
(1)
縫合位置
頭
摺雙
後側
前側
後側
前側
後側填充口
前側摺雙
身體
前側
後側
腳
摺雙
臉
咖啡色・緞面繡
咖啡色・飛羽繡
粉紅色・回針繡
(1)

輕・布作 37

HOBBYRA HOBBYRE × My Doll Friend
NINA娃娃の服裝設計80+
獻給娃媽們～享受換裝、造型、扮演故事的手作遊戲

作　　者／HOBBYRA HOBBYRE
譯　　者／周欣芃
發 行 人／詹慶和
總 編 輯／蔡麗玲
執行編輯／陳姿伶
編　　輯／蔡毓玲・劉蕙寧・黃璟安・李佳穎
封面設計／陳麗娜
美術編輯／周盈汝・韓欣恬
內頁排版／造極
出 版 者／Elegant-Boutique新手作
發 行 者／悅智文化事業有限公司　郵政劃撥帳號／19452608
戶　　名／悅智文化事業有限公司
地　　址／新北市板橋區板新路206號3樓
網　　址／www.elegantbooks.com.tw
電子郵件／elegant.books@msa.hinet.net　電　話／(02)8952-4078
傳　　真／(02)8952-4084

2016年8月初版一刷　定價380元

NINA NO KISEKAE BOOK

經銷／高見文化行銷股份有限公司
地址／新北市樹林區佳園路二段70-1號
電話／0800-055-365　傳真／（02）2668-6220

國家圖書館出版品預行編目(CIP)資料

HOBBYRA HOBBYRE x My Doll Friend NINA娃娃の服裝設計80+：獻給娃媽們-享受換裝、造型、扮演故事的手作遊戲 / HOBBYRA HOBBYRE著；周欣芃譯. -- 初版. -- 新北市：新手作出版：悅智文化發行, 2016.08
面；　公分. -- (輕・布作；37)
ISBN 978-986-93288-1-4(平裝)

1.洋娃娃 2.手工藝

426.78　　105012841

企劃・設計・材料提供

株式會社HOBBYRA HOBBYRE
〒140-0014
東京都品川区大井1-24-5
大井町センタービル5階
TEL：0570-037-030（代表號）
FAX：0570-030-401

簡介

1975年創立。以「從手作開始的美好生活」為概念，從素材到材料包，提供了豐富的原創手工藝用品。
除了日本全國44家門市之外，也能從網路商店購買商品。
Website
http://www.hobbyra-hobbyre.com

STAFF

設計・製作／鈴木裕美（HOBBYRA HOBBYRE）
製作協助／大橋佳代（HOBBYRA HOBBYRE）
作品製作協助／東島恵美子
整體設計・內文設計／横田洋子
攝影／封面・卷首插畫／佐山裕子（主婦之友社寫真課）
各章節扉頁／鈴木江実子
製作過程／林 隆久（DNP Media・Art）
造型搭配／深澤枝里子（EASE）
作法解說／佐藤由美子（しかのるーむ）
校　　正／こめだ恭子
編　　輯／山本晶子
責任編輯／森信千夏（主婦之友社）

1889
La Tour
Eiffel
Souvenir de
RF
TIMBRE

Elegantbooks 以閱讀，享受幸福生活

輕・布作 06

簡單×好作！
自己作
365天都好穿の
手作裙

簡單×好作！
自己作365天都好穿的手作裙
BOUTIQUE-SHA◎著
定價280元

輕・布作 07

自己作防水手作包&布小物

自己作防水手作包&布小物
BOUTIQUE-SHA◎著
定價280元

輕・布作 08

直線車縫
就上手の手作包

不用轉彎！直直車下去就對了！
直線車縫就上手的手作包
BOUTIQUE-SHA◎著
定價280元

輕・布作 09

人氣No.1！
初學者最想作の
手作布錢包A+

人氣No.1！
初學者最想作の手作布錢包A+
一次學會短夾、長夾、立體造型、L型、雙拉鍊、肩背式錢包！
日本Vogue社◎著
定價300元

輕・布作 10

自己作不退流行の
帆布手作包

家用縫紉機OK！
自己作不退流行的帆布手作包
赤峰清香◎著
定價300元

輕・布作 11

手作異想熊
裝可愛

簡單作×開心縫！
手作異想熊裝可愛
異想熊・KIM◎著
定價350元

輕・布作 12

簡單作可愛&實用の
超人氣布小物232款

手作市集超夯布作全收錄！
簡單作可愛&實用的超人氣布小物232款
主婦與生活社◎著
定價320元

輕・布作 13

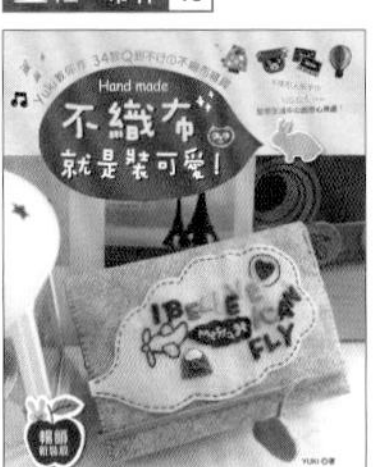

Hand made
不織布
就是裝可愛！

Yuki教你作34款Q到不行の不織布雜貨
不織布就是裝可愛！
YUKI◎著
定價300元

輕・布作 14

初學
手縫布作の
最強聖典

一次解決縫紉新手的入門難題
初學手縫布作的最強聖典
每日外出包×布作小物×手作服＝29枚實作練習
高橋惠美子◎著
定價350元

輕・布作 15

手縫OK の可愛小物
55個零碼布驚喜好點子

手縫OKの可愛小物
55個零碼布驚喜好點子
BOUTIQUE-SHA◎著
定價280元

輕・布作 16

I Love
Fabric Dolls
法布多の百變手作遊戲

零碼布×簡單作 ── 繽紛手縫系可愛娃娃
I Love Fabric Dolls
法布多の百變手作遊戲
王美芳・林詩齡・傅琪珊◎著
定價280元

輕・布作 17

女孩の小優雅
手作口金包

女孩の小優雅・手作口金包
BOUTIQUE-SHA◎著
定價280元

輕・布作 18

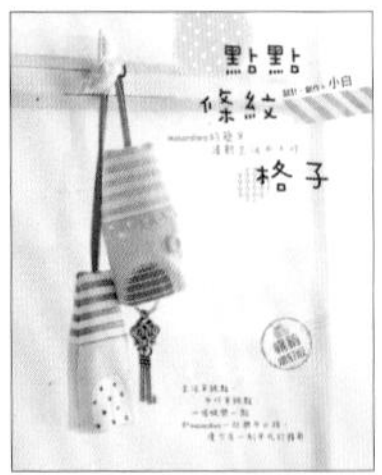

點點
條紋
格子

點點・條紋・格子(暢銷增訂版)
小白◎著
定價350元

輕・布作 19

可愛ㄋㄟ

可愛ㄋㄟ！
半天完成の棉麻手作包×錢包×布小物
BOUTIQUE-SHA◎著
定價280元

輕・布作 20

自然風
穿搭最愛の
39個手作包

自然風穿搭最愛の39個手作包
一點點・條紋・印花・素色・格紋
BOUTIQUE-SHA◎著
定價280元

雅書堂 EB 新手作
雅書堂文化事業有限公司
22070新北市板橋區板新路206號3樓
facebook 粉絲團:搜尋 雅書堂
部落格 http://elegantbooks2010.pixnet.net/blog
TEL:886-2-8952-4078 · FAX:886-2-8952-4084

輕·布作 21

超簡單x超有型－自己作日日都好背の大布包35款
BOUTIQUE-SHA◎著
定價280元

輕·布作 22

零碼布裝可愛！超可愛小布包×雜貨飾品×布小物——最實用手作提案CUTE.90
BOUTIQUE-SHA◎著
定價280元

輕·布作 23

俏皮&可愛·so sweet！愛上零碼布作の41個手縫布娃娃
BOUTIQUE-SHA◎著
定價280元

輕·布作 24

簡單×好作
初學35枚和風布花設計
福清◎著
定價280元

輕·布作 25

從基本款開始學作61款手作包
自己輕鬆作簡單&可愛の收納包
BOUTIQUE-SHA◎著
定價280元

輕·布作 26

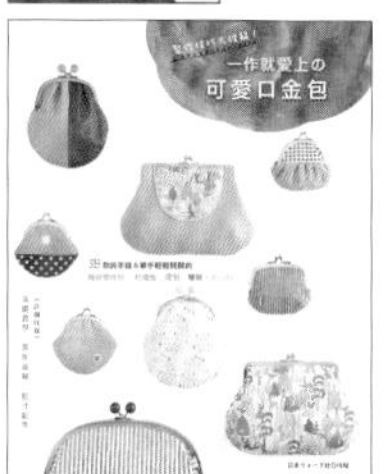

製作技巧大破解！
一作就愛上の可愛口金包
日本ヴォーグ社◎授權
定價320元

輕·布作 28

實用滿分·不只是裝可愛！
肩背&手提okの大容量口金包手作提案30選
BOUTIQUE-SHA◎授權
定價320元

輕·布作 29

超圖解！
個性&設計感十足の94枚可愛布作徽章×別針×胸花×小物
BOUTIQUE-SHA◎授權
定價280元

輕·布作 30

簡單·可愛·超開心手作！
袖珍包兒×雜貨の迷你布作小世界
BOUTIQUE-SHA◎授權
定價280元

輕·布作 31

BAG & POUCH·新手簡單作！
一次學會25件可愛布包&波奇小物包
日本ヴォーグ社◎授權
定價300元

輕·布作 32

簡單才是經典！
自己作35款開心背著走的手作布
BOUTIQUE-SHA◎授權
定價280元

輕·布作 33

Free Style！
手作39款可動式收納包
看波奇包秒變小腰包、包中包、小提包、斜背包……方便又可愛！
BOUTIQUE-SHA◎授權
定價280元

輕·布作 34

實用度最高！
設計感滿點の手作波奇包
日本VOGUE社◎授權
定價350元

輕·布作 35

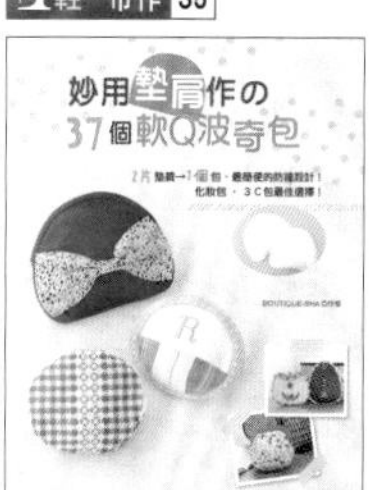

妙用墊肩作の37個軟Q波奇包
2片墊肩→1個包，最簡便的防撞設計！化妝包·3C包最佳選擇！
BOUTIQUE-SHA◎授權
定價280元

輕·布作 36

非玩「布」可！挑喜歡的布，作自己的包
60個簡單&實用的基本款人氣包&布小物，開始學布作的60個新手練習
本橋よしえ◎著
定價320元